人要懂自己

李丹丹 / 编著

中国商业出版社

图书在版编目（CIP）数据

女人要懂自己 / 李丹丹编著. -- 北京：中国商业出版社，2019.8
ISBN 978-7-5208-0848-4

Ⅰ. ①女… Ⅱ. ①李… Ⅲ. ①女性－人生哲学－通俗读物 Ⅳ. ①B821-49

中国版本图书馆 CIP 数据核字（2019）第 155424 号

责任编辑：常 松

中国商业出版社出版发行
010-63180647　www.c-cbook.com
（100053 北京广安门内报国寺 1 号）
新华书店经销
山东汇文印务有限公司印刷
*
710 毫米 ×1000 毫米　16 开　13 印张　160 千字
2020 年 1 月第 1 版　2020 年 1 月第 1 次印刷
定价：48.00 元
* * * *
（如有印装质量问题可更换）

前　言

在漫长的历史岁月中，女人一向是一个含蓄、被动、保守的群体。她们的心灵有着太多的枷锁束缚，她们无法抗争和自主，甚至连申辩的勇气都没有，那时，她们的心理无疑是忧郁而脆弱的。

随着社会的发展和时代的前进，历经千年的封建桎梏已被荡涤而尽。而今，女性早已从被动、保守、自卑和柔弱中走出来了，她们的心理与古代女性相比有着天壤之别，这不仅是女人解放的一大进步，更是社会的一大进步。对此，作为女人要知道，社会越发展，时代越进步，就越要求我们懂得美化自己的心灵，提高内心修养，这样才能使人生的轨迹越走越顺畅。

然而，在五光十色的现代社会生活中，由于一些女人缺乏良好的心理，禁不住某种诱惑，从而心灵扭曲的现象并不少见。据调查，不少女性为贪图虚荣而丧失人格，为贪图富贵而成为"拜金女"，为享受安逸而出卖自尊，并且，还失去了许多女人原本应该拥有的温柔、善良、贤惠等美德，这无疑是心理中滋长的一种恶性毒素。因此，女人要自尊、自爱、自强，千万不要因一时糊涂而断送了一生的幸福。

女人要懂自己，懂自己为什么而生，为什么而活，需要怎样的生活，如何去创造人生的幸福，等等。事实上，女人在人们的心中，永远是一道亮丽的风景。这道风景里充满优雅淡静的诗意，充满温情含蓄的微笑，充满善解人意的抚慰。没有人会不喜欢这道风景和不欣赏这道风景。

女人就像春天的花朵，点缀着人生的美景；女人又像夏天的树荫，能使人消散心头的忧愁和烦恼；女人还像是秋天的果实，能够给人们带来幸福和欢乐；女人更像冬天的暖阳，能够给人们带来温馨和喜悦。女人具备一切美好的特点，但问题是，女人要懂自己，要善于规划自己的人生。

懂自己的女人，懂得温柔，不会泼辣；懂得包容，不会霸道；懂得知足，不会贪婪；懂得分享，不会自私。这样的女人无疑会呈现极大的魅力，并展示出令人可敬的人格特征。有人曾说："真正够水准的女人，她聪明、柔美、清秀、妩媚、有深度、善解人意、能体贴自己心爱的人，她的可爱是毫不嚣张的，她像空谷幽兰，只是不容易被发现而已。"

试想，如果我们充分利用自己优势，再具备一些生活技能，那么，什么人生之门不会被我们打开呢？但是，如果一个女人只会纵情享乐，没有正确的人生观，那么，无论她有多么曼妙的外形、多么动听的声音，别人也不会长久欣赏她的。

在如今这个竞争激烈的社会，我们每个女人都不得不面临残酷的工作压力和复杂家庭生活的严峻挑战，在家庭与事业、理想与现实之间，如何使我们平凡的生命生动鲜活起来，怎样获得亮丽幸福的人生，是我们不得不面对、也不得不思考的问题。

为了帮助女性正确地认识自己，弄懂自己，我们特地编著了本书。主要从角色定位、人格特质、情感构建、家庭关系、生活习惯、处世方法、职业生涯等方面广泛吸取近年来国内外心理研究的新成果，综合运用多学科知识，根据女性生理、心理发展特点，直面女性遇到的种种问题，提供了科学有效和实用的心理调适方法，以帮助广大女性增进各个人生阶段的适应能力。相信通过本书，定会为女性增强健康的心理，消除迷茫与困惑，从而在生活中谱写幸福快乐的美好篇章！

目　录

第一章　角色定位的心理认同
女儿角色的定位与心理认同 …………………… 002
妻子角色的定位与心理认同 …………………… 005
母亲角色的定位与心理认同 …………………… 009

第二章　人格特质的心理塑造
不要让忧郁占据快乐的心 ……………………… 016
以坚强消除懦弱的心理 ………………………… 022
多疑会使人陷入迷茫 …………………………… 027
克服多愁善感的心理 …………………………… 031
不要让焦虑折磨自己 …………………………… 034
善于把狭隘转变为豁达 ………………………… 039
善于将嫉妒转化为欣赏 ………………………… 043
让自信去除自卑的阴影 ………………………… 048
克服浮躁的心理 ………………………………… 054

第三章　情感构建的心理指导
不要让早恋伤及自己 …………………………… 058
认识自恋的情感特性 …………………………… 063

不要因大龄未婚而折磨身心 ……………………………… 067
正确地面对失恋 …………………………………………… 075
理性地纠正拜金主义心理 ………………………………… 078
清醒地认识网恋的问题 …………………………………… 081
不要放任占有欲膨胀 ……………………………………… 084
懂得避开爱情的误区 ……………………………………… 087

第四章　家庭关系的心理沟通

要懂得什么是真正的母爱 ………………………………… 092
将不听话的孩子正确引入轨道 …………………………… 096
调皮是孩子的天性 ………………………………………… 100
不要让孩子贪玩过度 ……………………………………… 104
正确对待孩子的学习问题 ………………………………… 108
建立融洽的婆媳关系 ……………………………………… 111
正确对待洁癖问题 ………………………………………… 118

第五章　生活习惯的心理认知

化妆成瘾是一种心理偏差 ………………………………… 124
抛弃浓妆艳抹的心理 ……………………………………… 127
认识嗜好零食的危害 ……………………………………… 130
规避错误的节食心理 ……………………………………… 133
正确对待减肥 ……………………………………………… 135
克制疯狂购物的心理 ……………………………………… 139
不要让吝啬破坏仁爱之心 ………………………………… 142
女性的温柔是一种诱人之美 ……………………………… 145

第六章　处世有道的心理应变

  正确认识心理幼稚病 …………………………………… 150
  克服贪慕虚荣的心理 …………………………………… 153
  盲目攀比会失掉快乐 …………………………………… 157
  让宅女融入人群之中 …………………………………… 159
  不要让你的心在冷漠中凝结 …………………………… 165
  自傲是一种不良的心理 ………………………………… 169
  克服优柔寡断的心理 …………………………………… 173

第七章　职业生涯的心理保健

  正确看待职场女性被歧视的问题 ……………………… 178
  正确面对自己的工作 …………………………………… 183
  不要让工作狂侵害自己的身心 ………………………… 186
  懂得调节自己的工作压力 ……………………………… 189
  正确预防职业厌倦综合征 ……………………………… 194
  有效提高"裁员免疫力" ……………………………… 196
  消除职场年龄恐惧心理 ………………………………… 198

第一章　角色定位的心理认同

　　在人生的舞台上，每个人都要担当一定的角色，并且这种角色会随着人生不同阶段的变化而变化。比如社会给了女人很多称呼：女儿、妻子、妈妈、大姐、妹妹、阿姨等。这些角色既充满着温馨，也承载着责任。作为女人要扮演好自己的角色，就要善于给自己定位，并以良好的心理呵护自己。

女儿角色的定位与心理认同

女儿是女人一生中首个登场的角色，这也是一辈子的角色。身为女儿，要懂得听父母的话，上学时要勤奋学习当个好学生，长大后，要懂得珍爱自己，经营好自己的生活、情感和事业，当个父母眼中懂事且能干的好女儿，让自己的父母安心和放心。并且要懂得感恩，做好女儿的本分，孝顺父母。

一、父母对女儿的影响

女孩从出生，就围绕于父母身边，从小到大，她的言行受父母的影响最多，比如对待小动物的态度、对待亲人的态度、对待自己的态度。

女孩受父母的影响还有凡事应小心谨慎，走路要目不斜视，吃饭不准吧唧嘴，坐时两腿要并拢，做功课时不准听音乐等，虽然这些都是良好的行为准则，可是，父母所教的一切因为没有固定的模式而使女人迷惑不解，就可能导致女人从心理、行为上出现叛逆。要不然，社会上怎么会发生女孩早恋或离家出走的事件。甚至，有的女人成家以后，还可能将性格中的不稳定性表现出来，如对老公的行为进行监控，对身边其他有魅力的异性表示趋附等。

当然，父母对女儿的影响远不止这些。女人从父母那里得到的温暖，是任何人都无法替代的，她可以在外拼搏、强装笑脸；但是，一到父母身边，她就可以叫苦说累，并且，在父母眼里，她永远是父母的小棉袄，永远是那个跌跌撞撞奔向父母怀抱的小女孩。

二、女儿角色的责任

很多女人在成家之后，面临着照顾父母的责任。作为女性，一生扮演多种角色，为人女、为人妻、为人媳、为人母等。如何扮演好每一个角色，是需要智慧的。那么如何做一个合格的女儿呢？

（1）主动沟通

作为女儿平时要多与父母聊一聊工作和学习上的困惑，和父母说说心里话，让父母了解你的内心想法。

闲暇的时候，比如饭前或饭后，学会主动和爸爸妈妈谈谈自己高兴的事或不高兴的事，与家人一起分享你的喜怒哀乐。不要动不动就和父母顶嘴，多站在父母的角度思考，体谅父母的心情和难处。

父母是愿意和女儿沟通的，沟通是让彼此明白对方的心意及表达自己想法的一种方法。而不同方式的表达会令人对你产生不同的看法。要和父母有良好的沟通先要对他们有所了解，如此一方面可以知道父母的生活细节，另一方面亦可以增加亲子间的感情。

（2）尊重理解

有事外出，应主动告知父母，免得父母担心，特别是作为女儿，同时还要多听听父母的观点，并且也要提出自己的观点。当观点出现分歧时，双方要冷静思考产生分歧的原因及解决的对策，达到求同存异的沟通结果。

怎样做才叫作尊重父母？最简单的便是听取他们的意见。当你遇到一些难以解决又不懂处理的事情时，可以询问他们。

（3）关心父母

小时候是父母照顾我们长大，而在父母年迈体衰的时候，我们也应该尽女儿的孝道去照顾他们。

我们要让父母因为我们的爱而感到幸福，和他们一起做饭、打扫房间，冬天陪他们去商场购置冬衣，用我们的耐心、关切来爱我们的父母。我们会发现，使父母健康快乐，是我们人生的一种成功。

（4）多些宽容

遇事不必斤斤计较，因为父母是最爱我们的人，也是我们最爱的人。换位思考一下，父母和我们之间有代沟是很正常的，但是毫无疑问，无论父母有什么想法他们都是为我们好，他们是永远不会害我们的。

（5）孝顺父母

"养儿防老"这一多少年沿袭下来的传统观念，如今悄然发生变化。"生男生女都一样，出嫁闺女也养娘""儿子是晚礼服，女儿是小棉袄"已越来越被人们认可。

如今，随着男女平等观念的深入和女性地位的提高，婚育新风进万家活动的深入开展，人们的生育观念逐渐改变了，"养女防老"也成为一种新认知。女儿作为父母的赡养人，逐渐变成社会的一种正常认知。在物质赡养、精神慰藉、生活照料等方面，女儿起到越来越大的作用，因此，女儿要时时刻刻想着父母亲，做到百善孝为先。

女性需要坚强，不要以为坚强只是男性的专利，这是片面的。人生活在世界上都会遇到各种各样的困难和挫折。因此，在生活上、工作上都要学会坚强。哪怕是再苦再累再疲惫，也要抖擞精神，挺起腰杆走路，做父母最坚强的女儿。

贴心小提示

女儿是爸妈的贴心小棉袄,我们要发挥小棉袄的功效,关心父母,向父母表达我们的爱。

1. 和父母一起聊天

多抽些时间来和父母聊聊天,不要以为自己已经是大人就觉得自己的很多事情该由自己解决。你应该主动告诉父母你的喜好、你的朋友、你的趣事,让他们能分享你的生活。

2. 用语言赞美父母

有时候我们会抱怨父母总是看不起自己,总是对自己不满意,其实我们应该想想自己有主动赞美过父母吗?比如说,当看到妈妈为自己整理东西,爸爸为这个家努力工作,你会对他们说什么?当他们听到你的赞美时,猜猜看,父母会有什么样的反应?

3. 给父母节日的祝福

记住一些节日和父母的生日,给爸爸妈妈写几句话,表达你对他们的问候与祝福。我们简短的一声问候与祝福会让爸爸妈妈激动不已。

妻子角色的定位与心理认同

世界由男人和女人构成,男人创造世界,女人创造男人,好女人足可以成就一个男人。这说明一个道理:妻子责任重大,并且影响重大。

每个女人固然要对工作负责,要有职业道德,要从工作中得到乐趣,但也不能忽视家庭的义务和责任。

一、扮演好妻子的角色

妻子的角色是女人一生中比较重要的角色，虽然男人比较看重事业，很少为柴米油盐操心，其实，男人的事业也是为了家庭，大多数的家庭负担都由男人支撑着。女人应该体谅男人肩上的压力，做好贤内助，为男人筑造一个温馨的港湾。而女人善于理家则是做好贤内助的关键。同时，理家也是一项艰巨的任务。

从一位女性在社会中所扮演的角色来说，女性要经历女儿、妻子、母亲等角色变化，这些角色之间是互相联系的，有时甚至相互重合。一个人有时候要同时扮演几种角色，如中年妇女有可能是女儿、妻子、母亲三种角色集于一身，这时对于女性本身也是发挥她自身价值的关键时刻。如果对一些事务处理不当，就会造成角色紧张与失调，并损害和谐的家庭关系。一个人不仅要扮演好在某一时期的特定角色，而且还要为下一个角色做准备与调适，以便顺利地实现角色过渡，扮演好每一个角色。

二、做个好妻子

男人是力量权威的象征，却需要贤惠女人的管理，这无可非议地定位了女人在家庭中不可忽视的地位及作用。

如果我们缺乏爱的智慧，就不懂男人女人在性别上的差异。聪明的妻子会根据丈夫的需要去爱和驾驭爱，丈夫便会义无反顾地为家庭和妻子牺牲一切。那么，女性如何才能成为一名贤妻呢？

（1）包容老公的缺点和过失

男人习惯将自己的家庭和女人当作安全的避风港。由此，他们希望妻子能够完全地包容他们的成功与失败、弱点与过失。不论什么时候都张开双臂，以轻松明朗的家庭氛围迎接他们回来。如果我们只用女人的想法和感受去看老公，要求老公，势必以委屈抱怨相对，引发冲突。而婚姻的幸福往往需要妻子以大地母亲的宽宏大量和极大的耐心，接纳包容老公诸多的不完美，以屈求伸。有底线、有智慧、有耐心的建设性沟通与磨合乃是最好的包容。

(2) 要学会自立

婚后的生活和恋爱是完全不同的两种状态，结婚以后老公可能经常会因事业的繁忙而无精力和时间来关注你；老公会因体内"荷尔蒙"逐渐衰减，激情淡去；或有玩性、劣性等缺点显现出来。面临转变的关口，你一定要改变自己的观念，切不要一味地依赖老公，要充实和发展自己的爱好，提高自身的综合素质。

男人需要女人来互补，更需要妻子的智慧来激励自己不断地成长进步。

女性朋友们应变换一种思路去认识问题：别人小看你，是你自己让人小看。你轻视对方，便是轻视自己。婚姻最忌改造，改造的结局势必分手或凑合；婚姻没有对错，感觉舒服就是硬道理；婚姻更无输赢，只有双赢，否则两败俱伤；人无完人，山多高则谷多深。认清这些真相后，就需要慢慢地去磨合、去悟、去尝试引导婚姻进入较为稳定的状态：亲密而有距离，开放而有节制。双方都以信任之心不限制对方的自由，又都以珍惜之心不滥用自己的自由，这样的婚姻才能长久。

(3) 了解男人的内心

男人遇到压力或懊恼倦怠时，会以临时出逃的形式进行宣泄，有时我们过度亲近，也会使老公产生想逃避的想法，这是心理学角度近而远之的现象。某种程度上老公和妻子太过亲近，会让老公感觉失去"自我"。当老公需回避一段时间，妻子应充分理解老公的心理需求。男人在社会上承受的压力是女人无法体验的，有时在家会莫名地宣泄一番。在男人临时逃避或发怒时,千万不要与他针锋相对,抱怨嘟囔。给他充分的心理调适空间,相信他安顿情绪和解决问题的能力。当他调整好自己,积蓄好能量,回归后会更加爱你。

(4) 学会支持男人

懂得尊重老公的想法与感受,不求全责备。即使想帮他在某个方面或领域获得长进,也不可大张旗鼓,贸然行动。点到为止,耐心等待时机,是最明智的举措。因为只有他内心想改变,才是根本的动力。

在社交场合,给足老公面子,要给老公信任、认可、赞美、感激、鼓励,这样可使老公获得最大的心理满足,给他最大的动力,他也会回馈我们全身心的爱和呵护。

婚姻是人生走得最长的一条路,家是生命的栖息地、心灵的养生堂。没有女人的地方不成为家,因而妻子的角色尤为重要。做个好妻子,是做一个开明睿智的妻子,绝不是做一个软弱、糊涂的小女人。在婚姻中,妻子依然需要老公的关心、理解、尊重、忠诚、体贴和安慰。只有男人和女人相互支持,相互给予对方尊重、欣赏、爱和自由,婚姻才会生长出最坚韧、最真实、最深沉的情感关系,两人才会共同成长,走向真正的融洽、圆满与和谐。

贴心小提示

每一位女性朋友都想成为一个好妻子。如果你能按照以下的标准来要求自己,你的家庭生活会更加和睦,夫妻感情也会更加美满,你也会成为丈夫眼中最贤惠的妻子!

1. 世界上没有"完美的婚姻",只能努力追求"美满的婚姻"。
2. 尽量了解并满足丈夫的特殊需求。

3. 不要过于依赖父母，不要对丈夫的亲戚妄加评论、随便指责。

4. 用赞赏、鼓励的态度取代强迫的态度。

5. 占有欲和嫉妒心非常可怕，必须清除它们。

6. 用温情对待丈夫，抱怨、命令只能起到相反的作用。

7. 责备或攻击不能改变丈夫的想法。

8. 要谦虚，不要自以为是。

9. 遇事要有耐心，尽量容忍。

婚姻生活就像一个新的生活旅程，你必须从现在起就做好长时间辛苦的心理准备，如此才有可能赢得美满和谐的婚姻。

母亲角色的定位与心理认同

女孩在父母的呵护下不断成熟长大，结婚成家，从自己的孩子"呱呱"坠地的那天起，就成了一个母亲。

然而，如何做一个称职的母亲，是身为女人值得深思的问题。为人之母不但要哺育孩子，还要把孩子从一个什么都不会的婴儿培育成亭亭玉立的姑娘或虎虎有生气的男子汉。对此，要身体力行，用自己的言行表率影响自己的孩子。

一、认识母亲的角色

母亲，是天底下最美丽、最温暖人心的字眼。孩子是母亲生命的延续，而陪伴自己的孩子慢慢长大，是每个母亲的愿望。在孩子身上，母亲总能找到自己年幼时的影子，能看到自己未来的方向和人生的希望。每个母亲都期望给孩子一个充满爱和温暖的家，用母爱帮助孩子迎接成长路上的每个挑战。母爱就是孩子的天堂。家庭是孩子成长的第一站，母亲在家庭中承担了许多教育孩子的工作，是家庭教育中的重要角色。

　　母亲溺爱孩子，孩子就会变成任性、刁蛮、自私的人。过分地迁就孩子，宠爱孩子，会让孩子成为饭来张口、衣来伸手的小皇帝、小公主。稍有不如意，这些小皇帝、小公主就会哭闹耍赖，不达目的不罢休。这样的孩子永远体会不到大人的难处，心中只有自己。如果不加以管教而听之任之，他们就会变得任性、刁蛮而且自私。

　　没有母爱滋润的孩子大多会变得冷漠，不懂得关爱他人，而且性格孤僻，不愿与他人交流。

　　母亲经常施行家庭暴力，孩子就会变得乖戾，对他人充满仇恨，有暴力倾向。这样的母亲，教育孩子时缺乏耐心，不懂得对孩子动之以情，晓之以理，与孩子一有分歧，就采取暴力的方式让孩子屈服，孩子也会采用这种过激的方式来宣泄内心的情绪。这样教育出来的孩子，就具有一定的危险性，不懂得如何与人和睦相处，甚至还有可能会变成施暴者。

　　当孩子逐渐长大后，母亲会发现孩子不听话了，不爱和自己交流了，不爱学习了，这就需要母亲不断摸索教育孩子的正确态度和方式。

　　一些母亲爱做孩子的"打击者"，给孩子设置各种各样的难题，目的是培养孩子坚韧不拔的性格与品质，让孩子经过磨炼逐步变得坚韧、勇敢和自立。或许有一些家长认为这样做对孩子太残酷、太不近人情，但是孩子在经历了这些艰难困苦后，会变成坚强、勇敢的好少年，这是一种很好的结果。

　　母亲应该给予孩子充分的信任与理解，与孩子做好朋友，这样孩子就会谦和、善解人意。这类母亲，没有家长的架子，与孩子完全是平等的。她们总是从孩子的角度思考问题，喜欢与孩子一起玩耍，一起聊天。她们往往是第一个知道孩子心中秘密的人,她们会为孩子保守秘密,直到孩子愿意将它公开为止。她们尊重孩子,把孩子当成大人看待。孩子也尊重这样的母亲,把她视为自己最为信任和亲密的朋友,并会形成谦和、尊重他人、善解人意的良好性格。

二、做好母亲角色的方法

从教育子女的方面来看,母亲的责任是不可取代的。孩子对母亲的情感流露最敏感,往往母亲温和,孩子愉悦;母亲认真,孩子顺服;母亲严肃,孩子规矩;母亲专制,孩子胆怯;父母娇惯溺爱,孩子就不能自制,甚至吵闹、折腾。因而母亲要正确对待孩子,以塑造孩子良好的性格。

(1) 杜绝溺爱

有时母亲要严肃、认真地对待孩子,这可以培养孩子独立的人格和自制的能力。母亲对孩子的爱应服从于教育,这是使孩子活泼、听话的艺术;为此,要心里把他当孩子,表面把他当大人。这种情感环境下长大的孩子自然活泼,听话而不撒娇,做事认真而专心。

苏霍姆林斯基曾说:"不能让孩子感到,因为有了他,给家庭带来了欢乐;而要让他觉得,因为有了父母,给他带来了幸福,他是一个负债的人。"母亲们想要让自己的孩子幸福而明理,就一定要这样去做。

(2) 学会尊重孩子

尊重孩子是最理智和最深厚的爱,能使孩子获得健康、完善的人格。鲁迅先生曾经这样说过:"你不把孩子当人,他长大了就做不了人。"我们在生活中经常见到一些不知自尊自爱、缺乏自信,或懒散堕落、粗野横暴的青少年,可以说他们大多都是幼年未得到尊重的孩子。

尊重孩子,家长要多用礼貌语言,与孩子平等相处;不把孩子当玩具、笑料,切忌过分开玩笑;禁止把孩子当出气筒,不侮辱、打骂和粗暴地对待孩子；不当面议论孩子的缺点、弱点和错误，不要在他人面前数落孩子的不足，发泄自己的不满；孩子过了婴幼儿时期以后不要经常搂在怀里，抱在手上，要鼓励他站直、坐正、好好说话；不哄骗孩子，说话算数。

（3）鼓励表扬孩子

母亲要让孩子不知不觉地意识到自己是一个好孩子，爸爸、妈妈、老师和人们都喜欢他。"自我意象"好是孩子上进的重大动力。要经常在鼓励、表扬中培养孩子好的"自我意象"，使孩子即使犯了错误也会相信自己能马上改正过来。鼓励应该走在行为的前面，表扬则在行为之后及时进行，但表扬一定要实事求是，不能用言语去敷衍和哄骗，也不应该过分。

母亲表扬孩子的方式是多种多样的，向亲戚、朋友、家人、老师小声夸奖，不直接对孩子说而是有意让他听见，这种积极暗示非常有效，有时还能"弄假成真"。其他鼓励形式还有一个微笑、一句赞扬的话、一个拥抱、贴一个小红花、奖励一个学习用品、到大自然中游玩等，视情况而定。但在实施所有表扬和奖励时，母亲也不可显出过分高兴的样子，应该不失认真和平静。

（4）培养孩子良好的习惯

习惯是重复一定的行为模式培养起来的心理定式，快乐专注的心理定式也要在行为习惯中养成。孩子们有了良好的习惯，母亲的教育就省时省事了，这就是"少成若天性，习惯成自然"。

教育家叶圣陶说："什么是教育，简单一句话，就是要养成良好的习惯。凡是好的态度和好的方法，都要使它化为习惯，只有熟练得成了习惯，好的态度才能随时随地表现，好的方法才能随时随地应用，一辈子受用不尽。"孩子的好习惯养成了，就能自我控制，专心地玩和学，而不受不良因素的引诱和干扰。

贴心小提示

在这个快节奏的社会里，孩子渴望与母亲建立良好积极的亲子关系，母亲应该建立健全育儿观念，这样就能够形成一个积极向上的家庭亲子体系，也能够使得女性的母亲角色得到认可。

1. 有冷静的头脑

母亲用冷静的头脑对孩子进行管教，这会让孩子感觉到你的教导是客观公正的，并且，他也愿意带着极大的兴趣去做到你对他的要求。

如果你在教育孩子的过程中有些情绪失控，你可以试着从1数到10，或是深呼吸几次，或是走开一会儿。但如果这些方法仍无济于事，最终你还是失控地对孩子发了脾气，记住事后要真心地向孩子道歉，告诉他，你也是人，也会犯错，但你能承认并改正错误。

如果你特别生气，完全可以表达自己的情绪。但经常发脾气的话，当你再生气的时候，孩子也就见怪不怪了。

2. 言传身教

教育孩子的过程对大人也是一个无形的督促，有时一些母亲为了打发孩子，想随便找一个借口，希望能蒙混过关，但这种情况下，孩子反而会成为一个监督者，让妈妈能从自身做起，注意言传身教，不让孩子挑出毛病。这样教育起孩子来，不仅省去了不少口舌，而且还培养了孩子"诚信"的美德。

做母亲是一项责任重大的工作，但并不意味着是一种负担，如果你了解了这其中的关系与奥秘，就会体会到作为母亲的美妙。

第二章　人格特质的心理塑造

　　人格是构成一个人思想、情感及行为的特有综合模式，它不仅包含强健的体格，还包含健康的精神。所以女人要善于就人格心理进行调控与塑造。

　　女性人格心理的调控是通过自我认知、自我体验、自我控制最终达到心理完善的一个过程，它对于铸就女性的幸福人生具有十分重要的作用。

不要让忧郁占据快乐的心

忧郁是一种负面的情绪，也是一种阴暗的心理。当今社会竞争愈演愈烈，压力也愈来愈大。有越来越多的女性患忧郁症，从而在心情沉重之中丢失了许多快乐。严重者甚至会悲观厌世，直至最后走上自杀的道路。这绝不是危言耸听，因为现实生活中发生过很多这样的悲剧。因此，忧郁的问题必须引起高度重视。对此要善于调节心理，不要让忧郁占据快乐的心。

一、认识忧郁与快乐

快乐是一种我们心灵上的满足，它会使我们变得开心。它是抽象的，也是具体的；它是无形的，也是有形的。快乐让人触摸不到，但它却能够表现在我们的脸上，那就是我们的笑脸。快乐其实很简单，只需我们时刻保持积极乐观的心态，每天都笑笑，每时都乐乐，那么快乐就在我们身边了。

快乐的多少，决定于具有乐趣的事物的多少，决定于满足我们内心需求的愿望的多少；快乐的大小，决定于我们所做有乐趣之事的大小，决定于我们需求强度的大小；快乐的长短，决定于我们享受快乐过程的长短，这个长短决定于我们对这个过程正面焦点关注的时间的长短；快乐的深浅，决定于该事在我们心中地位的深浅。

忧郁症是不会享受快乐者的一种常见心理疾病，女性发病率往往比男性高2～3倍，其最显著的特征就是具有忧郁的情绪。忧郁的女性往往会感到悲伤、无助、没有希望，也会常常哭泣，这样，她们的自尊和自信也会快速下降。

这种感觉会将女性的快乐心理扫荡得一干二净，会使她们平静安适的心境变得容易激动或被激怒，还会使她们觉得人生无趣。

一个人一旦患上忧郁症，就会发现自己再也不会因为任何事物而感觉新鲜与兴奋了。以往可以愉快享受的活动，再也不会感到快乐，再也没有兴趣去从事它。不仅如此，忧郁症患者的身心健康也会受到一定的影响。

（1）认知的改变

忧郁症会影响忧郁者的记忆和思考过程，他们往往会变得无法集中注意力，在做决定时变得更困难，就算是很小的事情，比如要穿什么衣服，或是要准备做哪道菜，在做决定时也会变得十分困难。因此，患上忧郁症的人会发现，要把事情做完总是变得非常困难。

（2）生理的改变

忧郁症会影响人们许多方面的生理功能。举例来说，它会使女性的睡眠和饮食习惯变得很混乱。忧郁的女性可能在清晨四五点时醒来后再也无法入睡，可能整天待在床上却还是睡眼惺忪。可能饮食过量而变得体重过重，可能失去胃口而体重减轻。

忧郁症会削弱女性的活力。患有忧郁症的女性常会觉得疲累、动作变慢，或是感到精疲力竭。就连起床或是准备进食这些小事，都要花上很多时间。忧郁症也和许多模糊的身体不适相关，包括头痛、背痛、腹痛，以及原因不明的种种疼痛等。

（3）行为的改变

忧郁症改变人的行为。如果你原先是个仪容整洁的人，现在可能会忽略自己的外貌；如果你原先在付账时总是小心翼翼，现在有可能会开始乱花钱。你可能开始远离人群，转而偏好待在家里；可能会更常和另一半或是其他家人争吵；上班时，可能无法按时完成工作。

总之，忧郁症会使原本快乐的人变得心灰意冷，使朝气蓬勃的人变得死气沉沉。忧郁症能消耗人的斗志和青春，让一个本来充满理想的人变得意志消沉、浑浑噩噩，甚至最终一事无成。

二、改变忧郁的方法

在面对忧郁时，我们能够调整好自己的心态吗？我们到底应该怎么做呢？

（1）要有兴趣爱好

一个人在生活中要有良好的爱好，如集邮、看书、划船或种花等，这会使人感到生活充实、满足和愉快。

（2）尝试新的事物

当生活陷入单调沉闷的"老一套"时，忧郁症患者往往就会感到不愉快，如果去参加一项新的活动，不仅可以扩展生活领域，还会为生活带来新的乐趣。

（3）争取多做些事

在生活中，如果太依赖他人，对别人的期望太高，也就容易失望。若能树立凡自己能做的事就去努力做好的观念，则可避免许多由失望带来的苦恼。

（4）交些知心朋友

友谊有助于身心健康，空闲时与朋友相聚，海阔天空地聊聊，既能增长见识和交流信息，又可把自己的心事对朋友直言相告，朋友会为我们排忧解难，能够增强我们排除困难与忧愁的信心和勇气。

（5）不要钻牛角尖

看待任何事物都不要认死理，否则就容易钻牛角尖。要学会从不同角度去看待事物和分析问题，找出解决问题的不同方法，摆脱由看问题僵化而带来的苦闷。

（6）学会宽容大度

在生活中，即使与自己关系很亲密的人，激怒你了，埋怨你了，也要宽容。"日久见人心"，人们就会很乐意地与你相处，你也一定会体会到人际关系融洽带来的欢乐与快慰。

（7）勇于承认失败

一个人难免遇到失败与失意的事情，或是自己本身存在某种缺陷。对此，我们应记住哲学家威廉·詹姆斯说的一句话："当你勇于承认既成的事实，并且勇于接受已经发生的事情，就有了克服随之而来的任何不幸的第一步。"

（8）有坚定的信念

坚定的信念是战胜挫折和失败的良方，可使我们从苦痛中解脱出来，能屈能伸，无论在顺境还是逆境中，我们都要泰然处之。

三、保持快乐的要诀

怎样让我们从忧郁中走出来呢？我们不仅要时刻保持乐观向上的天性，还要适时清理心里的垃圾，这样才能让我们从忧郁中摆脱出来。

（1）善于享受成功

完美主义者总是预先给自己设定一个十全十美的目标，凡事力求尽善尽美，一旦做不到就会深深自责，甚至沮丧消沉，由此便对自己的能力全面怀疑和否定，甚至陷入完美主义的陷阱。

其实，任何事只要我们努力就可以了，不要苛求结果。我们要善于学会为自己的每一点努力、成果喝彩。要记住：知足自信的女人才会充满快乐。

（2）快速忘记烦恼

遇上难以相处的上司、痛苦的失恋、人际关系的烦扰、事业的失意等，总之人生烦恼无数，但我们不能总是对不愉快的经历耿耿于怀，任由郁郁寡欢的情绪徘徊不去。

要尽量学会快速忘记烦恼，不如意时可以找一种迅速转换烦恼情绪的方式，或睡一大觉，或和朋友聚会，或投入你最喜欢的一项娱乐或运动中。面对麻烦和困境，要坚决做一个"没心没肺"的女人。

（3）不和别人较劲

有些女性总喜欢与人攀比，仿佛别人的风光是她心头的痛，别人的得意令她深感挫败，这样久而久之，就会心态失衡、心灵扭曲、烦恼丛生。斤斤计较和妒忌是快乐心境的克星。

其实，我们每个人都有旁人无法代替的优势，扬长避短地专心经营好自己，才会使我们踏上更宽广的人生路，所以，我要保持平和放松的心态。

（4）随时寻找快乐

快乐并不是可遇不可求的东西，快乐完全取决于我们的意念。比如你手头有一堆工作，你可以想象这些是你最喜欢的事，压力一旦减轻，情绪就会高涨，自然就会效率倍增。要记住：怨声载道只能让事情朝相反方向发展。

成功学专家卡耐基说，能接受最坏的情况就能在心理上让你发挥新的能力。人生低潮时你可以这样想：我都到最低潮了还能坏到哪里去呢？按发展逻辑，到达低处就是向高处回转之时，这样的心境一定会很鼓舞人。这绝不是阿Q的精神胜利法，而是事物发展的必然结果。

贴心小提示

如果你总是情绪低落，不妨先试一试以下几个方法，或许能解除你的心理痛苦呢！

1. 做有建设性的工作

忧郁症产生于人的惰性，行动是它的天然克星。如果事情比较复杂，你可以把它分解成一系列细小的步骤，这样就容易完成了。

假如你没有心情做计划，那也不要紧，你只要先行动起来就够了。就是说，你不必等到你想做的时候才开始，因为只要你没有做事的欲望，可能永远也懒得动。相反，你先做一点琐碎的事，启动人体的水泵，接下来心情就变得灿烂了。

2. 主动帮助别人

乐于助人能使人精神健康，你通过志愿性的工作、社区服务或帮助行动不便的邻居购物，就会发现自己具有同情心，能够理解别人，而且对社会并不是毫无价值。实际上，离群索居本身就是忧郁症的一大病因，和别人的接触对治疗这种病很有帮助。

3. 请家人帮助自己

作为家庭中的众多角色之一，要学会请家人分担，而不要只会抱怨。有的人不注重自身的需求和快乐，孩子成绩好就快乐，丈夫有成就就快乐，忘记了自己的快乐到底在哪里。其实，面对爱人，爱要说出来，应该明示而不要暗示，这样做会赢得更多的爱。

4. 经常锻炼身体

有一位两个孩子的母亲,每当感到忧郁时,她就跑跑步,来驱逐心头的阴云。她说:"通过跑步,至少我觉得我是在完成一项任务,从而有一种成就感,于是心情就舒畅起来,不管跑步之前多么烦恼,跑步之后就好多了。"

最后,请记住一句话:"决心帮助你自己才是好心情的关键。"

以坚强消除懦弱的心理

懦弱是由于缺乏自信而产生的一种心理问题。懦弱的人由于心里害怕、胆怯,稍微遇到一些困难的事情,就会选择逃避。这对于一个人的成功是很不利的,所以我们要有意识地进行个性磨炼,并正视这种心理的调节与转化。

一、认识懦弱与坚强

坚强的人心理承受能力强,在遇到艰难险阻时,能够勇敢面对,全力战胜。坚强的人有两个特征:一是不怕失败,不怕挫折,不怕打击,无论是人事、生活上还是技术、学习上的事都能够正确对待,即使孤独也不怕,并且敢于正视现实、正视错误,用理智去处理一切变故;二是不被胜利冲昏头脑,永远保持谦逊的品质。

这两个特征,用通俗的话说,就是"胜不骄,败不馁",就是宠辱不惊,得失泰然。

懦弱大多是由对未知事物的恐惧引起的,凡是无法预计、解释和理解的事物都容易使人懦弱。在现实生活中,我们难免会碰到一些无法预测、无法避免、无法理解和解释的事物。如果这些未知事物具有较大的危险性，那么就会引发人们深深的恐惧。

其实，人生就是挑战，社会就是一个大运动场。强者胜，劣者汰；强者拼搏，弱者奋起。人人都面临着挑战，同时也体验着挑战。女人只有坚强地迎上去，不畏强手，才能改变自己，战胜自己，开创新的生活。

懦弱是人们回避冒险的一种心理，你若想战胜它，首先必须知道它有哪些表现形态。

（1）凡事唯唯诺诺

个性懦弱的女性，无论说话、做事，还是待人接物都显得谨小慎微，缩头缩脑，卑躬屈膝，总是怕做错什么，生怕树叶掉下来打着自己的头，不敢越雷池半步。由于过分担心害怕，所以做起事来犹犹豫豫，效率特别低。

（2）做事缺乏勇气

个性懦弱的女性，意志薄弱、缺乏敢做敢当的勇气，遇到突发事件，就会惊慌失措。她们不相信自己，也不相信别人。她们不敢冒风险，不敢和一切艰难困苦做斗争，不仅做事缺乏勇气，而且毫无决断力，只会一味地自责。

（3）没有冒险精神

凡是遇到新计划、新挑战，懦弱的女性总会搬出各种理由来推迟实行，觉得这样会减少风险，这样一来，她们无形中就失去了很多成功的机会，因此，在事业上往往无所作为，平平庸庸。

（4）长期一味忍让

"心"字头上一把刀，这是人们对"忍"字的形象注解，这把刀是会戳伤人的心灵的。因为过分忍耐使人的情绪无法得到宣泄，大量消极情绪会郁结于心。很多女性误以为时间久了这种情绪会渐渐消失，但实际上并不是这样。未宣泄的情绪会埋在心里，历时几十年也未必会自行消失，这些郁结的情绪严重损害着女性的身心健康。

而长期忍耐的结果,就是使自己变得越来越懦弱,长此以往,女性就会失去本该有的喜怒哀乐,失去享受生活的能力,会觉得无望,凡事皆认为是命中注定,减损自我觉察的能力及创造人生的能力,最终会毫无幸福可言。

二、消除懦弱的方法

懦弱的性格主要是由两方面因素造成的:一是家庭生活环境的影响;二是遗传。要想消除这种性格,必须要从以下几个方面入手。

(1)重塑性格

任何人都可以养成坚强的性格,不过懦弱的人大多有内向的气质,养成外向型坚强性格确实很困难。但是内向型坚强性格却是可以锻炼出来的。内向型坚强性格有三个特点:不锋芒毕露但有韧性,不热情奔放但有主见,不强词夺理但能坚持正确的意见。重塑坚强的性格,可以多给自己积极的暗示,使自己努力向这个方向发展。

(2)敢于反击

学会发怒。懦弱的人大多没有当众发脾气的体验,而习惯于沉默忍受。改变懦弱的性格,就要敢于适时发怒。

(3)学会反驳

懦弱的人对于别人的误解与无端的责难总习惯妥协。战胜懦弱就要学会反驳,不妥协。

(4)改变行为

研究证实,改善行为就可以改善心理素质,为此,建议懦弱的女性可以从行为上来这样武装自己:

如遇见自己有点害怕的人,不要绕道走,而是径直迎着对方过去;身体站直,挺起胸膛与对方讲话;讲话时盯住对方的眼睛,开始做不到,就先盯住他的鼻梁；说话的声音要洪亮，但如果对方的声音超过自己，可以突然把声音变轻；不要轻易地用"对不起"之类的话作为口头禅。

懦弱的女性这样强化了自己的行为后，就会感到自己突然变得坚强了。

三、保持坚强的要诀

所谓坚强就是无论遇到什么事情，首先应该想到如何解决问题，而不是哀叹、抱怨、抓狂，一味地懦弱退让。对于一个性格坚强的人来说，世界上没有什么不可能的事情。在我们的日常生活中，女性如何学会坚强呢？

（1）进行体育锻炼

著名教育改革家魏书生老师，用体育锻炼法培养学生的坚强意志。他要求学生每天必须做100个仰卧起坐、100个俯卧撑，跑2500米，不管严寒酷暑，魏老师带头坚持，形成班级的一项制度。

通过体育锻炼，培养自己的坚强意志，一定要做到持之以恒。在体育锻炼的项目上，可以根据女性的自身情况，进行选择。在各种体育项目中，慢跑锻炼最方便、简洁，其效果也是很好的。慢跑能培养人的耐力、毅力，锻炼人顽强拼搏和坚持不懈的精神。

（2）进行劳动锻炼

劳动创造了人类，劳动可以培养人，通过艰苦的、创造性的劳动，可以培养女性的坚强性格。不管是体力劳动，还是脑力劳动，都是培养和磨炼意志的好方法。有学者认为："意志是一项有组织的劳动。"著名思想家卢梭认为："在人的生活中最重要的是劳动训练，没有劳动就不可能有正常人的生活。"可见，艰苦创造的劳动，是培养坚强意志的极好方法。

（3）加强道德修养

人的任何行为都是受意志控制和支配的，人的道德修养又极大地影响着意志的控制和支配着人的行为。今天的道德教育，不少是流于形式，不是人们不知道道德知识，而是没有道德实践、道德行为。

有的人道德修养不高，缺少爱心、善举，不是缺少知识、能力，而是缺少行动，缺少坚强意志和坚定的决心。有些时候，人们说了错话，做了错事，都是"明知故犯"，为何？主要是意志薄弱，抵挡不住来自各方的压力和诱惑。

为此，女性要真正提高道德修养的水准，必须要有顽强的自制力、意志力来约束、控制自己，使自己的意志得到培养和锻炼，使自己坚强的意志品质得到升华。

（4）改正不良习惯

女性不良的生活习惯和习性，对其学习和工作有很大的影响，有句名言："改变恶习的钥匙收藏在意志那里。"女性若能改变不良的生活习惯、习性，如克服遇事爱哭、胆小懦弱等，就能够使意志更加坚强。

总之，女性应该明白，面对挑战，懦弱的结果只能是失去成功的机会，勇敢面对，树立追求成功的信心，只有这样才能战胜自己，成就卓越人生。

贴心小提示

女性克服懦弱的心理，唯一的办法就是勇敢面对，害怕什么就战胜什么。这里为你提供几条建议，希望会对你有所帮助。

如果你害怕见生人，那么，你可以径直迎着别人走上去，心里想着这个人欠你钱或物。

如果你害怕在众人面前说话，那么，你可以在喧哗的人群中大声说话，声音要洪亮，要让人在喧哗中也能听到。或者背诵几篇著名的演讲稿，然后独自大声地演讲。

如果你害怕见到地位较高的人，那么，你可以想方设法参加有显赫人物出席的活动，当看到他们也同样要端起杯子喝水，要用手纸揩鼻涕、咳嗽等，次数多了，就会消除心中的神秘感，增强自己的信心。

在与地位较高的人会面前，你还可以先预设几个话题，使你在与他会面时有话可讲，不至于冷场，这样下次你就不会再发怵了。

当然，战胜懦弱心理的方法有很多，你还可以根据自己的实际情况选择其他方式。

多疑会使人陷入迷茫

多疑是指神经过敏和疑神疑鬼的消极心态，它是指对人、对事物在没有进行客观的了解之前，主观地假设与推测，是非理智的判断过程。

具有多疑心态的人往往带着固有的成见，一旦产生怀疑，就会进行自我暗示，为自己的怀疑自圆其说，结果本来并不存在的东西也会被想得跟真的一样，从而越陷越深。

通常来讲，女性犯多疑病的人较多，一旦怀疑某人对自己不好，某件事对自己不利，便耿耿于怀、闷闷不乐，情绪立即反常，很长时间都不能排解，严重者会给工作、家庭、学习带来不良影响。因此一定要注意调节这种心理。

一、认识多疑与信任

在社会科学中，信任被认为是一种依赖关系。学者卢曼给信任下定义："信任是为了简化人与人之间的合作关系。"

从心理学角度讲，多疑心理是常见的心理之一，它是人性的弱点之一。疑心重的人思虑过度，凡事都往坏处想，说者无心，听者有意，捕风捉影，无中生有。正如学者培根所说："多疑之心犹如蝙蝠，它总是在黄昏中起飞。这种心情是迷陷人的，又是乱人心智的，它能使你陷入迷惘，混淆敌友，从而破坏人的事业。"

多疑的实质是缺乏对他人的基本信任，多疑的女性从他人的行为表现中得出错误判断，偏执地认为他人表里不一，有所隐藏，对自己可能有所欺骗。因而对他人反复考察，希望证实自己的疑心，但在现实中很多事情都是难以查证的，于是多疑者就更有理由去怀疑。

多疑产生的心理效应，是给人一种消极的心理暗示，即让人觉得他人是不可靠的、有问题的。

当几个同事聚在一块儿悄悄说话时，多疑的女性会怀疑他们正在讲自己的坏话；当自己告诉朋友一个秘密后，多疑者会不停地想他是否会讲给别人听；领导在开会时说了公司里发生的不好现象，多疑的女性会怀疑是不是针对自己说的。

多疑心理的产生，主要是由于对人持有不正确的观念。多疑者总是以一种怀疑的目光看人，对他人怀有戒备之心，在与人交往中不讲真话。另外，对人和事缺乏客观正确的认识也是产生疑心的原因，多疑者总是以局部代替全面，总是片面地从自我的主观想象出发，去分析问题，这显然是不恰当的。为此，为了消除自己的不良心理，多疑者要变自己的多疑为信任。

二、消除多疑的方法

女性的多疑心态一旦形成，相对比较顽固，它是导致偏执性人格障碍的温床，需要警惕。但单纯的多疑，即在成为一个人的行为模式之前，则通常在误会或有人搬弄口舌的情况下才会发生。例如，听到别人的善意批评就怀疑别人存有敌意等，即只有在一定的情景下，具有多疑心态的人才会"疑心生暗鬼"，以主观想象代替客观事实，才会产生愤恨甚至报复心理。而在其他没有诱发情景的时间里，则一般不会产生多疑心态，完全能像常人一样心态平静地生活。多疑与猜疑不同。猜疑只是一般的怀疑，这种怀疑有可能毫无道理，纯粹是神经过敏所致，但也可能有一定道理并符合客观事实。正常的猜疑人皆有之，不属于心理问题。多疑则是猜疑的极端状态，绝大多数都是无端生疑，是心理失衡的表现，为此，女性必须改变多疑的心理。

（1）学会冷静思考

时间是最好的冷却剂。女性遇到有怀疑的地方，先不要下结论，如事情不急，不妨等几天后看看，究竟是怎么回事；如事情较急，可找比较信任的上级或同事问清楚。

（2）学会忍让

任何事务的处理，都不可能百分之百合情合理，女性朋友不妨学会点忍让，"知足者常乐"是一副很好的调节剂。

（3）学会自我安慰

女性在生活中，遭到别人的非议和流言，与他人产生误会，没有什么值得大惊小怪的。在一些生活细节上不必斤斤计较，可以糊涂些，这样就可以避免自己烦恼。如果觉得别人怀疑自己，应当安慰自己不必在意别人的闲言碎语，不要在意别人的议论，这样不仅解脱了自己，而且还取得了一次小小的精神胜利，怀疑心理自然就烟消云散了。

（4）加强交流

有些猜疑来源于相互的误解，如果是这种情况的话，女性就应该通过适当的方式坐下来交流。通过谈心，不仅可以使各自的想法为对方了解，消除误会，而且还避免了因误解而产生的冲突。

三、保持信任的要诀

信任是一种感觉，建立信任是需要时间与努力的，建立互信关系的最基本方法，就是要自己先信任别人。

（1）心胸开阔

女性不要把一些事，尤其是个人小事，看得那么重，更不要斤斤计较。这样，许多不尽如人意的事就都可以放得开，化解开。

如果时时瞪大眼睛看别人对自己的态度，竖起耳朵听别人对自己的反应，心里老琢磨着别人的一言一行，东西南北四面防"敌"，岂不活得太累？世上的事不可能件件使自己满意，不可能件件都成功，失败了也不一定是别人造成的。

（2）善于分析

有些女性考虑问题比较简单，她们相信直觉，常根据直觉做判断，也爱凭经验看待周围的一切，判断是非曲直，她们认为一个原因应导出一个结果；或者反过来，一个结果必由一个原因产生，这样就很容易把事情看偏、看错。

为此，女性应该知道，直觉往往是不可靠的，个人经验是有限的，某个结果往往是多种原因造成的，因此要学会全面看问题。根据心理学家实验统计，学会全面看问题后，90％的疑虑会消失。

（3）避免盲目冲动

女性一旦出现了猜疑，一定不要盲目冲动地质问别人或指责别人，要冷静地分析。这时应避免设定假想目标，而要多想想可能的情况，跳出封闭式思维的循环怪圈。

（4）学会自我控制

当发现同事有造谣中伤自己的可疑行为时，当发现情侣、爱人有背叛自己的可疑行为时，你可能会在情绪上表现出愤怒，此时此刻重要的就是让理智控制情绪，以防止由于感情的一时冲动做出不理智行为而留下遗憾，以致抱恨终生。

贴心小提示

需要提醒你的是，尽管多疑不好，但在某些时候，适当地保留一点多疑还是很有必要的。因为，适当地利用多疑，可以使你深谋远虑。不过，对于朋友、恋人，还是不要多疑，凡事留个底线，是做人的基本准则。

在日常生活中，如果别人说什么，你就信什么，这样没有原则地人云亦云，怎么会有进步，如何去超越前人呢？事实上，没有多疑习惯的人，往往是没有能力的平庸之人，而恰恰是那些敢了问出"为什么"的人，才在推动着社会的进步：哥白尼和布鲁诺对于"地心说"的多疑，推进了天文学的革命性发展；伽利略对权威亚里士多德的多疑，使比萨斜塔上两个铁球同时着地；爱因斯坦对牛顿力学的多疑，带来了相对论的诞生。因此，我们既不能事事多疑，也不能糊里糊涂地人云亦云，独立的性格，独立的思考，才应该是女性应有的品质。

克服多愁善感的心理

多愁善感是指一个人感情脆弱、容易发愁或伤感的心理情结。

读过古典小说《红楼梦》的人都知道，林黛玉是一个弱不禁风、多愁善感、整日郁郁寡欢、极易伤心落泪的人物。她的这种性格就是典型的多愁善感。

多愁善感作为一种负面心理，会严重影响女性的感情生活和职业生涯。甚至可以说，多愁善感已经成为很多女性在生存竞争中失败的主要原因。

一、了解多愁善感的表现

女性多愁善感的特征是：敏感、脆弱、幻想、感伤、忧郁，时常不由自主地陷入一种消沉的状态中，或者感叹生命短暂，或者感叹人世无常，并且常伴随着一定自恋自怜的孤独情绪。

一般说来，轻度多愁善感的女性都可以感觉到自己的"独特"之处，同时她们也明白这种多感思维和伤感心绪不利于正常生活，她们一般会通过其他途径来释放自己的伤感情怀，让自己重新找到光亮和快乐，也就是说，轻度多愁善感是可以在情绪的自我掩饰和克制中得到改善的。但是，重度多愁善感就没有那么容易自我治疗了。

重度多愁善感的女性往往进入了一种极端的思想世界里，她们放任自己无谓的忧愁和伤感，有的还力图为这种消极状态找借口，她们对世俗怀有偏见，偏爱高雅脱俗的生活状态，厌恶琐碎平实的细节，蔑视一切带有功利色彩的行为。有的还经常幻想自己某天做出一鸣惊人的成就，但事实上她们对现实的应对能力很差，她们放任自己，也无法控制自己，所以通常难以做出具体行动。

总的来说，重度多愁善感者，对生活中的丑陋和阴暗难以接受，对自己的平凡和庸俗也感到不可忍耐，容易走极端：勇敢者会因不满于现实和自我而突破困境，从而达到一定的艺术境界，而懦弱者则会沉溺于自我满足的消极思想世界里，最终一事无成还会害一堆心病。

二、认识多愁善感的原因

女性天生就多愁善感，那么她们多愁善感的原因是什么呢？医学界研究得出，这与她们自身的生理构造有关。

月经是女性特有的生理现象，月经周期既反映了女性生殖器官功能的变化，也反映出与女性生殖功能有关的心理活动和行为的变化。这种生理上的变化往往为女性尤其是少女带来很明显的心理上、情绪上的变化。

众所周知，许多女性在月经周期中存在情绪波动问题，尤其是在月经前和月经期，情绪变得低落、抑郁或脾气急躁。

女性情绪波动还与文化修养、社会环境因素有关。由于传统习俗的长期影响，使女性认为月经前必然出现焦虑情绪。

实验研究也提供了类似的证据：告诉预期一周后会来月经的女性，医生可以用一套新仪器准确测出她们下次行经的日期。受试者分为3组，第一组：告诉她们月经在1~2天后发生；第二组：告诉她们在7~10天后才会行经；第三组：什么也不告诉。然后让她们报告自己经前的一系列问题。结果表明第一组经前头痛等症状的发生明显多于第二组。

当然，还有许多其他证据说明情绪与激素水平的关系。如痛经女性的心理发展可能不成熟，表现有神经质的性格。

假孕则是更典型的事例，婚后多年未孕的女性确信自己已怀孕时可见有类似妊娠的闭经、乳房肿胀和早孕反应。这种现象有雌激素的变化因素，而更多的是渴望怀孕和害怕怀孕的矛盾心理所致。

如此一来，生物学因素和非生物学因素都起着一定的作用。激素和其他生理因素具有一定的影响，同时又受文化、社会、环境因素的影响，导致一些女性出现情绪低落的问题。

三、克服多愁善感的方法

女性应该掌握恰当的感情敏感度，防止并消除不良的情绪因素，学会正确地认识自己和评价自己。以下为女性介绍一些克服多愁善感的方法。

首先，要学会在工作和学习的过程中体验求知之乐，在对目标的追求中拥有充实的生活,在积极的进取中去创造乐观向上的人生。

其次,要培养广泛的兴趣爱好,提高自身的文化修养,丰富自己的精神世界。要确定保持人际交往的空间,参与各种交流活动,使情感得以转移和倾诉,并在与朋友的互动中不断认识并克服自己的性格缺陷。

贴心小提示

为了使自己天天都有好心情,不让烦恼忧愁的事来烦扰你,建议你在日常生活中,可以做以下几点:

一是经常到户外去走一走,多接触大自然。新鲜的空气和美丽的景致,可以使人心情放松,冷却火气。如果能邀上几个好友出去开心地玩一玩,更能把愁绪一扫而光。

二是用运动的方式摆脱紧张、忘记忧愁,有无体育专长并不重要,关键在于让自己活动一下。

三是尝试一下新鲜事物,像瑜伽或太极等,虽然以前没有接触过,但不妨试一试。当你在专注练习动作的时候,不如意也随之被抛在了脑后。

四是当你觉得心情烦躁的时候,可以洗一个热水澡,在优美的音乐中清理自己,带来焕然一新的感觉。

另外,可以把自己的书桌或书柜清理一下,浏览过去的习作,欣赏一下自己的照片,会让你的感伤随风而去。

不要让焦虑折磨自己

焦虑心理又称为焦虑症,是一种具有持久性焦虑、恐惧、紧张情绪和自主神经活动障碍的脑机能失调，常伴有运动性不安和躯体不适感。

随着现代生活节奏不断加快，现代女性的压力越来越大。所以，女性要善于调整自己的心境，力求将焦虑转变为镇静，以此改变不良的心理状态。

一、了解焦虑与镇静

镇静就是平稳、冷静、遇事不慌。一个人必须修身养性，培养自己的浩然之气和容人之量，保持自己的高远志向才能拥有这种性格。我国传统文化的精髓就是以静制动，沉着、冷静，善于分析和思考，这是一个人成熟和成功的标志。

生活中非理性的因素很多，我们常常会因为某些非理性的因素而控制不住自己的情绪，造成一些不该有的后果，镇静的性格能够制止我们的冲动，阻止我们犯错误。

在生活中，我们感知周围的事物，形成自己的观念，做出自己的评价，以及相应的判断、决策等，无一不是通过我们的心理世界来进行的。由于是用主观的心理世界来认识和体察事物，就不可避免会使我们受到非理性因素的干扰和影响，对事物的认识和判断产生偏差，焦虑就是在这种情况下因不镇静而形成的不良心理现象。

焦虑可以说是当今社会的"文明病"，它源自许多因素：工作压力、人际关系、经济问题等。由于饱受压力与困扰，每个人或多或少皆有紧张焦虑的情绪。

长期的紧张会引起焦虑，而焦虑是肌体面对危险时采取的准备方式，但当不存在某种危险而发生焦虑或焦虑过度时，就是一种病态，它会给人的健康带来损害。焦虑症有不同的表现症状，它包括恐怖症、强迫症、外伤后的紧张状态以及广泛性焦虑。它与恐怖有着本质的区别，焦虑是一种没有明确对象的恐怖，因此以经常或持续的无明确对象或固定内容的紧张不安，或对现实生活中的某些问题过分担心或烦恼为特征。这种紧张不安、担心或烦恼与现实很不相符，使人感到难以忍受，但又无法摆脱。

这种焦虑和烦恼可表现为对未来可能发生的，难以预料的某种危险或不幸事件的经常担心；也可能是对某一两件非现实的威胁或生活中可能发生于自身或其亲友身上的不幸事件的担心，这类女性常有恐慌的预感，终日心烦意乱、坐卧不安、忧心忡忡，好像不幸即将降临在自己或亲人的头上。因此注意力难以集中，对日常生活中的事物失去兴趣，以致学习和工作受到严重影响。如约会时间到了，约会的人没如约前来；汽车司机等人过久；亲人下班迟迟未归等。妻子久等丈夫不归，主要害怕他有第三者而导致家庭破裂，因此经常处于一种紧张焦虑状态以致长期严重失眠。

其实，不论贫富、教育程度或身体是否健康的人，都可能经历紧张与焦虑。每天的压力并无大碍；相反地，适量的紧张使生活更有劲，至少不单调。

要使自己从焦虑过渡到镇静，首先要有一个好的心态，俗话说，风物长宜放眼量。人生往往会遇到很多困扰与烦恼，面对挫折苦难却能保持一份豁达的情怀，保持一种积极向上的人生态度，这需要博大的胸襟、非凡的气度。在逆境中磨炼出你的意志，不必计较一时的成败得失，要以宽阔的胸襟、长远的眼光，去辩证地分析问题，排解心中的不安，从而获得平静的心态。

二、克服焦虑的方法

很多女性都有焦虑的时候，而每个人焦虑的事情不尽相同。虽然焦虑普遍存在，但发展成为一种心理疾病的机会却不多，因为很多人懂得自我放松，也不强逼自己去钻牛角尖。为此，当焦虑演变成疾病的时候，聪明的女性应该懂得去克服。

（1）开怀大笑

人在开怀大笑时，处于紧张状态的心脏、躯干和四肢会得到迅速放松。在开心笑过之后，全身会有一种如卸掉了重担似的轻松感。

（2）学会倾诉

将心中的焦虑坦率地说出来，能使人感到踏实。特别当对方是一位有相同经历的长者时，他更能帮助自己。如果羞于启齿，不妨在信中写下自己内心的感觉，寻求对方的帮助。

（3）增加信心

自信是治愈神经性焦虑的必要前提。一些对自己没有信心的人，对自己的能力是怀疑的，他们夸大自己失败的可能性，从而忧虑、紧张和恐惧。因此，患有焦虑症的女性，必须首先自信，减少自卑感，当她每增加一次自信，焦虑程度就会降低一点，恢复自信，也就能驱逐焦虑。

（4）放松呼吸

人在焦虑时心跳加快，呼吸急促，因此缓慢地做深呼吸可以使人镇静下来。深呼吸的时间可长可短，一般在2~10分钟之间。

三、保持镇静的要诀

在学习、工作、生活中，女性遇到挫折是很平常的事，偶尔产生焦虑也在所难免，当发现自己处于焦虑之中时，不要放任焦虑蔓延。这时，可以采取镇静的方法反思自己的生活方式，同时阅读有关焦虑的资料，来缓解焦虑。

（1）远离一切噪声

研究证明，安静可以滋养自己的身体、思想和灵魂。安静有利于身体健康。在我们的身边，有害的城市噪声从来没有停止过，它们是你没注意过的持续性背景压力。协调你的听觉并注意什么声音使你感到不舒服。感受5分钟"没有噪声"的休息时间。交替性地关小或关掉任何没必要的有压力的噪声。

（2）进行心理休息

思维少一些杂乱就意味着自己的神经系统更平静。从过多的思考中间歇性地休息，可以把你的意识带回你的躯体。尽可能远离你的办公桌，在一个舒适的环境中享受美好的早晨和下午茶。听从身体的需求，渴的时候喝水，需要伸展运动时就做运动，绝不放弃一顿饭。另外，平静的思维与智慧和洞察力有直接的关系。

（3）每天自我按摩

按摩能使人放松。自我按摩能促进血液循环并且有助于身体排出毒素。为此，女性可以经常进行自我按摩。

（4）哼歌赶走焦虑

把手放于头顶，微笑着，开始哼歌。感受由哼歌引起的震动，这种震动一直延伸至头顶。哼歌能消除杂念，舒缓头脑，放松面部肌肉，滋养神经系统。

（5）转移注意视线

假使眼前的工作让你心烦紧张，你可以暂时转移注意力，把视线转向窗外，使眼睛及身体其他部位适时地获得松弛，从而缓解眼前的压力。

（6）放声大喊发泄

在公共场所，这方法或许不宜。但当你在某些地方，例如私人办公室或自己的车内，放声大喊是发泄情绪的好方法。不论是大吼还是尖叫，都可适时地宣泄焦躁。

（7）保持睡眠充足

多休息，保持睡眠充足是减轻焦虑的一剂良方。这可能不易办到，因为紧张常使人难以入眠。但睡眠越少,情绪将越紧绷,更有可能发病,因为此时免疫系统已变弱。因此,你一定要想办法正常入眠。

贴心小提示

下面为你介绍一种简单的帮助你舒解紧张、克服焦虑的方法:

首先,取坐姿,把背部轻轻靠在椅子上,头部挺直,稍稍前倾,两脚摆放与肩同宽,脚心贴地;然后两手平放在大腿上,闭目静静地深呼吸三次,排除杂念,把注意力引向两手和大腿的边缘部位,把意念集中在手心。

你会感到注意力最先指向的部位慢慢地产生温暖感觉,然后逐渐地扩散到手心。这时,你心里可以反复默念:"越是静下心来,两手就会越暖和。"这样,睁开眼睛,你就会感到头脑变得轻松了。

善于把狭隘转变为豁达

狭隘就是人们常说的小肚鸡肠。狭隘心理是许多不良个性的根源,如嫉妒、猜疑、孤僻、神经质等不良表现都源于这种心理。

狭隘会使一个女人变得冷酷、自私,只想索取不愿付出,这样一来,人们就会远离她,一切好机会也会远离她,最后她的路就会越走越窄,直至走进"死胡同"。其结果会造成食欲不振、失眠、工作无精打采等。为此,女性要善于将狭隘转变为豁达,这对人生的发展是十分重要的。

一、认识狭隘与豁达

豁达是一种大度和宽容,是一种品格和美德。豁达的人,能屈能伸,经得起挫折失败。马寅初曾因其"新人口论"获罪,终被革职。当他的儿子将被革职一事告诉他时,他只是漫不经心地"噢"了一声。数十年后拨乱反正,仍是他儿子告诉他平反的喜讯,马寅初也只是轻轻地"噢"了一声。荣辱不惊,豁达大度!

豁达的人,不计较个人得失,得之淡然,失之泰然,故能成大事。一次,曾任美国总统的罗斯福家中失窃,被偷去很多东西。他的朋友写信安慰他。罗斯福回信说:"谢谢你来信安慰我,我现在很平静。因为:第一,贼偷去的是我的东西,而没有伤害我的生命;第二,贼偷去了我部分东西,而不是全部;第三,最值得庆幸的是,做贼的是他,而不是我。"

月有阴晴圆缺,人有旦夕祸福。人生在世,总是有得有失,既然得失难测,祸福无常,何妨豁达洒脱一些。

豁达的人,心胸开阔,处世乐观,不以物喜,不以己悲,即使到了山穷水尽处,仍能望见柳暗花明。

狭隘与豁达相比,优劣自现。狭隘心理的根源说明白一点就是小心眼儿,它主要反映在以下两个方面:

一方面,目光短浅。俗话说"头发长,见识短",就是说女性多半局限在自我和家庭的小圈子内,接触面窄,活动范围小,所形成的思维乃至见识走不出自我的限制区域。

另一方面,由于以自我为中心,女性器量小,在人际交往中缺乏待人宽容的气度。在现代社会里,大凡有志向的女性,都积极投身于广博的社会,以"大家"为中心,不断以知识、思维、交往和精神信念来更新和充实自己,使自己眼观六路,耳听八方,成为社会所需要的人。

二、克服狭隘的方法

狭隘有百害而无一利,要克服狭隘心理,改变这一不良性格,应从以下几方面做出努力。

(1) 充实知识

狭隘心理源于思想的守旧、固执和偏见，因为守旧，就总是接受不了新事物。

要改变这种心理，女性必须提高其文化素养。只有拥有广博、丰富的知识，才能使自己开阔视野，避免少见多怪，不会因不曾见过的事物而大惊小怪，也不会因不熟悉某种事物而盲目地下结论，更不会出于感情的好恶而对某些事物进行取舍。学会了全面看问题的方法，自然就能走出狭隘的阴影。

(2) 增加阅历

心理狭隘的女性对自己看不惯的人和事，总是以自身的思维方式进行指责。有些心理狭隘的人在对某事、某人做出判断时，带着很强的情绪化色彩。

因此，女性对自己不熟悉的事物、不了解的事物，不要急于主观表态。人的一生中会遇到很多自己不熟悉、不了解的事物，对此要给自己留有认识思考的空间。

(3) 学会宽容

女性要从自己心里摒弃狭隘的想法，多从他人的角度出发，少考虑自己的利益。要学会宽容，容得下他人，这样才能克服狭隘心理和负面情绪。

(4) 放弃自私

狭隘和自私是"孪生姐妹"。狭隘的女人把目光投向自己，她们把"各人自扫门前雪，休管他人瓦上霜"作为人生信条，唯我独尊，固执己见，时时处处都从自己的利益出发，在交往中更是极力排斥"异己"，最终落得个门庭冷落的结果。

因此，为了克服狭隘心理，女性应把眼光放远一些，自己的得与失也就不算什么，把眼光从狭隘的个人小圈子放出去，抛开自我，就不会遇事斤斤计较，心底无私才能天地宽。

（5）扩大交际

心理是对客观现实的反映，人的性格、品格都是主体同环境互相影响的结果。人与环境的交流越多、越广泛，人的开放程度就越大，心胸越开阔；越是生活在封闭、抑郁的环境里，思想、胸怀也就越狭隘。

因此，扩大交际面，加深与外界的了解与沟通，更透彻地了解别人与自己，增长见识，拓宽心胸，是克服狭隘心理的重要途径之一。

三、保持豁达的要诀

豁达指心胸开阔，性格开朗，能容人容事。豁达是一种乐观的豪爽，豁达是一种博大的胸怀，也是人生中最高的境界之一。女性想要改变狭隘的心理，就要保持豁达的人生态度。

（1）待人以宽

人作为社会中的一员，必然要在社会中生活，免不了要与别人交往。为了使交往顺利进行，应本着人际交往的互惠原则，也就是说，在交往中不要只想到自己。

（2）正确择友

心胸狭隘的女性最好多结交一些慷慨大度的人，跟这些人在一起，自己就会潜移默化地受到他们的影响，学到他们待人接物、为人处世的方法。

最好少跟极端自私、斤斤计较的人在一起。有句俗话说"守好邻学好邻"，选择朋友也同样如此。这样自己也就能变得豁达。

（3）培养情趣

想要豁达的女性应该多参加朋友聚会或一些文娱体育活动，拓宽兴趣范围，在丰富多彩的活动及广泛的交往中，感受生活的美好，增强审美情趣，陶冶性情，净化心灵，从而在健康向上的氛围中增强精神寄托，消除心理压力。

贴心小提示

有的女人有点"小心眼"，在某些方面，缺乏开阔的胸怀，经常容易走极端。你要知道，成熟的人懂得宽容，懂得求同存异，想想你的亲朋好友多年来对你的容忍和理解吧！要是你也像他们那样胸襟宽广，那么喜欢你的人就一定很多，你的人缘也会更好。为此，建议你在日常生活中按照以下的方法做，才能使你的心胸更加豁达。

一是当你受了委屈的时候不要怨天尤人。身处逆境时，多想一想事物积极的一面，否则"一夜白头"也于事无补。

二是冷静出智慧，遇事多想想解决办法。

三是学会换位思考，学会包容，不能像刺猬一样，谁招惹了你，你就刺他。

四是多一点幽默，少一点僵硬，自己给自己吃开心果，快乐的人更长寿。

善于将嫉妒转化为欣赏

意大利的菲·贝利在他的作品中写道：嫉妒是来自地狱的一块咝咝作

响的灼煤。嫉妒的危害力和破坏力可见一斑。

嫉妒是一种负面情绪，是指自己的才能、名誉、地位或境遇被他人超越，或彼此距离缩短时所产生的一种由羞愧、愤怒、怨恨等组成的多种情绪体验。它具有明显的敌意甚至会产生攻击诋毁的行为，不但危害他人，也给人际关系造成极大的障碍。

众所周知，女性是最容易嫉妒的人群。所以，女性要正确看待嫉妒心理，善于将嫉妒转化为欣赏。

一、认识嫉妒与欣赏

欣赏，是对幸福概念的一种认知，对他人的一种祝福。欣赏者必须具有愉悦之心，仁爱之怀，成人之美之善念，这是欣赏与嫉妒的区别所在。

欣赏是一种做人的美德。在生活中，每个人都有他的长处、他的优点，学会欣赏，不仅能使自己产生奋发向上的动力，而且能使被欣赏者产生自尊之心、奋进之力、向上之志。这样，欣赏与被欣赏就成为一种互动的力量之源。

善于欣赏的人，一定是宽厚和善的。欣赏周围的人，内心就少了许多的浮躁和不安，少了妒忌和攀比。欣赏会令人快乐，它能让你变得睿智、高雅、聪颖。欣赏别人，学着吸取优点，你整个人就会不断地完善自己，改变自己，超越自己。

而嫉妒和欣赏截然不同，嫉妒的女性心胸狭窄，心眼儿小，见不得别人比自己强，只要自己有一点不如人家，就会心生嫉恨，心潮难平，这种思想是要不得的。

女性产生嫉妒的原因有二：一是自己的需要得不到满足时容易产生嫉妒；二是在与他人比较时更容易产生嫉妒。

尤其是比较的对象和自己不分上下或不如自己时，这种情绪很容易转化为对别人的不满或嫉恨,就会寻找对方的不足,或认为对方之所以成功只是由于外部原因,通过诋毁对方达到自我心理上的暂时平衡。

嫉妒之女性必定不会正确看待自己。嫉妒使她漠视别人的长处,放大自身的优点,逐渐将自信沸腾至顶点,继而变为极端的自负。嫉妒之人必定不会被他人接纳。因为其不懂得用良好的心态去对待他人,只会抱怨张三的不是,责怪李四的不足。

为此,建议善于嫉妒别人的女性,应该化嫉妒为欣赏,当自己欣赏他人的时候,就会心情愉悦地看到他人的优点,努力向其学习,所谓"见贤思齐"就是这个意思。懂得欣赏的人,也懂得人应该与他人和谐相处,虚心学习他人长处,努力改正自身不足,不断提高完善自己。

如果你有过嫉妒之心,请将它认真清理,扔进垃圾桶里,只把对他人的欣赏以及对自己的自信留下。

二、克服嫉妒的方法

嫉妒会让人迷惑,看不清自己。所以,作为女性应高度警惕自己的嫉妒心理,自觉抵制和克服嫉妒。

(1)正确认识自己

具有嫉妒心理的女性,不能正确地认识自己,更不会欣赏他人。总认为自己了不起,自己比别人强,看不到别人的优点和长处,一旦别人表现比自己出色,就会感到不舒服,从而产生嫉妒心理。

为此,克服嫉妒心理首先要接纳自己,认识自己的优点和长处,正确地评价、理解和欣赏他人。正确地认识他人,欣赏他人,嫉妒心理会在正确的认识中逐渐消除。

(2)正确比较

嫉妒心理往往来源于将自己的短处与别人的长处进行比较。为此,善于嫉妒的女性应该意识到，别人拥有再多也与自己无关，别人的成功并不意味着世界上的"成功人士名额"减少了，别人的成功并不能说明自己就成功不了。

建议有嫉妒心理的女性应保持比下有余的心态，当自己的嫉妒心起时，不妨看看周围那些不如自己的人，就会珍惜所拥有的一切。

（3）提高自身修养

嫉妒心理的另一个成因是心胸狭窄，要克服这种心理，就要加强修养，培养宽阔的新境界。一定要消除"我不行，我也不让你行"的既害己又害人的陈腐观念；树立起你行我更行的敢于竞争、敢于超过别人的拼搏竞争的观念。

（4）正确面对他人的成就

用祝福的心态看待他人。当自己开始嫉妒他人的成就时，试着有意识地以诚心善意替代嫉妒心理，将嫉妒转为动力，把他人的成就作为自我激励的标杆。承认成功是需要辛勤努力、奋斗，再加上机遇，并真诚为身边成功的人祝贺。

当然，知易行难，尤其是当最好的朋友已功成名就，而自己仍在为生计而奔波时，应找到正确的宣泄渠道，比如与知心亲友谈谈自己的心情，如此有助于将负面情绪转化成正面的思维。当心中充满阳光时，必能善意、谦逊地看待对方的成就，并能欣然予以祝贺。

（5）结交朋友

大凡嫉妒心强的人，社交范围都很小，视野也不开阔，只做井底之蛙，不知天外有天。只有投入团队群体里，才能消除自私狭隘的嫉妒心理。因此，多认识一些人，多结交一些朋友，就会消除嫉妒心理。

三、保持欣赏的要诀

孔子说:"三人行,必有我师焉。"这是劝诫人们要谦虚谨慎,要善于发现他人的优点,并向他人学习,而这样做其实就是将自己的嫉妒心理转化为对别人的欣赏。

(1) 学会公平竞争

竞争激励人奋进,如果把竞争本身看作目的,便会使人过于看重结果,很容易不择手段、不讲规矩。要明白凡是竞争总有输赢,不要把目的只放在输赢上,而是要注重竞争的过程,从中体会竞争的乐趣,形成健康的心理。

(2) 学会欣赏他人

要虚心学习他人的长处,发挥自身的优势,弥补自己的不足,在团结协助中形成良性竞争、共同发展的氛围。

欣赏是一种做人的智慧。欣赏别人是对我们自己的尊重,它可以拓宽自己的视野和胸襟。对于朋友或同事,欣赏是灵魂的一剂良药。建立友谊的过程,也就是有效表达自己欣赏对方的过程。只有对方发现我们给予的关心、尊敬、爱和期待,他才有可能朝向我们期待的样子不断努力,继而,我们和他们才会通过相互之间的尊重和喜爱使人际关系更和谐。

贴心小提示

在工作中如果你是个突出的女人,可能时刻都会感受到嫉妒的存在。

如果你遭人嫉妒,那么你该怎么办?这里为你提供以下几点建议:

1. 化嫉妒为感谢

如果在同事当中有人因你的外表而忌妒你，不妨把你的美容方法传授给她，根据她的个人条件指点她的穿戴，让她变得优雅起来。当她因为你的指点而得到别人赞美时，她会非常感谢你的。

2. 让出名利

如果你总是因为自己的出色而与同事的关系不好，最后会使自己变得孤立。而在事实上呢，为你带来荣誉的这些东西未必能带给你多少好处，反而会弄得你身心疲惫，那么你可以尽量多一些谦让，一些荣誉称号多让给其他同事，或者与他人共同分享一笔奖金或是一项殊荣等，这种豁达的处世态度无疑会赢得人们的好感，也会增添你的人格魅力，会带来更多的"回报"。

在生活和工作中，如果你想处理好复杂的人际关系，提升自己能得到很多人的欣赏，你就需要巧妙地处理好别人对你的嫉妒。

让自信去除自卑的阴影

自卑就是自己轻视自己，看不起自己。自卑心理严重的人，并不一定就是他本人具有某种缺陷或者短处，而是不能悦纳自己，自惭形秽。为此，女性应该克服自卑心理，努力使自己自信起来。

一、认识自卑与自信

从心理学来说，自卑是一种消极的自我评价或自我意识。一个自卑的人往往过低评价自己，总是拿自己的弱点和别人的强项对比，觉得自己事事不如人，在人前自惭形秽，从而丧失自信，悲观失望，不思进取，甚至沉沦。通常情况下，女性心理自卑发生率高于男性，主要有客观和主观两方面因素。

客观原因：一是传统观念的心理渗透。它影响着女性的自立自强、心理健康；二是生活中不公平待遇造成的心理挫伤。父母重男轻女的种种表现；就业时女性面对的重重困难；女性被侵害的家庭暴力案件屡屡出现；重要领导岗位上凤毛麟角的女性形象，这些现实容易造成女性的心理失衡，产生自卑情绪。

主观原因：一是遭遇挫折和失败导致心理危机而得不到及时有效的调适；二是自我意识偏颇，不能正确评价自己或对自己要求过高。

有自卑心理的女性，往往因为对自己不自信，一方面渴望得到别人的认同；另一方面又无法正视对自己的不满意，故而烦恼多多。

究其原因，是因为自卑的女性情绪低沉，郁郁寡欢，常因害怕别人看不起自己而不愿与人往来，缺少知心朋友，甚至内疚、自责；自卑的人，缺乏自信心，优柔寡断，无竞争意识，抓不住稍纵即逝的各种机会，享受不到成功的欢愉；自卑的人，常感疲劳，心灰意冷，注意力不集中，工作效率不高，缺少生活中的乐趣。

现代女性由于气质、文化修养及生活环境不同，脾气性格也不同。但无论哪种自卑都是不正常的心理活动，自卑若潜入女性心灵之中后，她的大脑皮层会长期处于抑制状态，而绝少有欢乐和愉快的心态，有的只是各种烦恼，再由这些烦恼而引发其他一系列生理反应，如生理功能得不到充分的调动，不能发挥它们应有的作用；同时内分泌系统的功能也因此而失去常态，免疫系统功能下降，抗病能力也随之下降，从而使人的生理过程发生紊乱，出现各种症状。

自卑实际上是一种自寻烦恼的自我折磨，因为这种有害心理不会给人以激励,不会给人以力量,反而只会摧垮人的身心,盗走人的骨气。容忍它的存在真是有百害而无一利。

自信就是自己相信自己,对自己有自信心,信心十足。自信与自卑和一个人的行为表现有密切的关系,有自信的人走路时往往是抬头挺胸,意气风发,脸上常带自信的笑容,并精神抖擞。而缺乏自信的人,则无精打采,言谈弱弱无声,并一脸忧郁表情。自信会让女性无比美丽,而自卑则能让女性无比憔悴。自卑情绪严重的人,除了自己得不到快乐外,在事业上也不会得到更大的成功。相反,那些成就巨大的人,都是心胸广阔和信心十足的人。任何困难对自信的人来说,都可以克服和战胜。为此,女性要想获得一个成功的人生,就必须克服自卑,让由自卑而引起的烦恼远离自己,让自信为自己撑起一片蓝天。

二、消除自卑的方法

日常生活中,常常看见有不少职业女性,情绪特别低落,无论对工作,还是对生活,都是心灰意冷,失去了奋斗拼搏、锐意进取的勇气。

从心理学的角度讲,这是一种自卑情绪的流露,若不及时纠正,不仅削弱斗志,最终还会酿成疾病,自误终生。为此,女性应该改变自卑的心理。

(1)正确认识自己

要克服自卑心理,首先要学会自我欣赏和自我激励,要善于发现自己的优势和潜力,并努力发挥优势、挖掘潜力,弥补自己的不足。

容易自卑的女性首先要正确认识自己,要善于发现自己的优点,肯定成绩,以此激发自己的自信心,不要因为由于自己某些缺点的存在而把自己看得一无是处,不能因为一次失败就认为自己什么都干不了。

(2)坦然面对失败

自卑的女性心理防御机制多数是不健全的,自我评价认知系统多数偏低。因此，遭受挫折与失败的时候，不怨天尤人，也不轻视自我，客观地分析环境与自身条件，这样就可以找到心理平衡，就会发现人生处处是机会。

（3）要树立自信心

没有自信必然会导致自卑。当女性对自己缺乏信心时，往往会低估自己的能力，认为自己什么也做不好，从而不愿意行动起来，错过很多机会。自卑的女性缺乏的不是能力，而是自信心。只有相信自己，积极进取，才能取得成功，消除自卑的心理。当问题出现时，充满自信的人会认为自己可以解决这个问题，会全身心地投入其中，解决问题。因此，要消除自卑心理，就要树立自信心。

（4）多与人交往

自卑的人多数比较孤僻、内向、不合群，常把自己孤立起来，很少与周围的人交往，缺少心理沟通。自卑者应多参加社会活动，感受他人的喜怒哀乐，丰富生活体验；通过与人交往，可以抒发被压抑的情感，增强生活勇气，走出自卑的泥潭；另外，通过交往，还可以增进相互间的友谊、情感，使自己的心情变得开朗，恢复自信心。

（5）给自己希望

在这个世界上，有许多事情是我们所难以预料的。我们不能控制机遇，却可以掌握自己；我们无法预知未来，却可以把握现在；我们不知道自己的生命到底有多长，却可以安排好现在的生活；我们左右不了变化无常的天气，却可以调整自己的心情。因此，每天给自己一个希望，让自己的心情放飞，让自卑随风而去。

三、保持自信的要诀

征服畏惧，战胜自卑，不能夸夸其谈，止于幻想，而是要付诸实践，见于行动。要达到这个目的,建立自信心是最快、最有效的方法。下面为女性介绍一些有效地战胜自卑心理、树立自信的方法。

(1) 发现自己的长处

发现自己的长处是自信的基础。但在不同的环境里,优点显露的机会并不均等。为此,女性要在回忆过去成功的经历中体验信心。同时,更要多做,力争把事情做成,从中受到更多的鼓舞。在尝试中,我们会有失败和错误,但我们应该坚信科学家爱迪生所说的话:"没有失败,只有离成功更进一点。"

(2) 坐在最突出的位置

在各种形式的聚会中,在各种类型的课堂上,后面的座位总是先被人坐满,大部分占据后排座位的人,都希望自己不会太显眼。而怕受人瞩目的原因就是缺乏信心。坐在前面能使人建立信心。因为敢为人先,敢上人前,敢于将自己置于众目睽睽之下,就必须有足够的勇气和胆量。久而久之,这种行为就成了习惯,自卑也就在潜移默化中变为自信。另外,坐在显眼的位置,就会放大自己在他人视野中的比例,提高反复出现的频率,起到强化自信的作用。为此,自信心不足的女性要把这当作一个规则来试验,从现在开始就尽量往前坐。虽然坐前面会比较显眼,但要记住,成功的人都在最显眼的地方。

(3) 正视别人的眼睛

眼睛是心灵的窗口,一个人的眼神可以折射出性格,透露出情感,传递出微妙的信息。不敢正视别人,意味着自卑、胆怯、恐惧;躲避别人的眼神,则折射出阴暗、不坦荡的心态。

正视别人等于告诉对方:"我是诚实的,光明正大的;我非常尊重你,喜欢你。"因此,正视别人,是积极心态的反映,是自信的象征,更是女性个人魅力的展示。

（4）昂首快步前进

研究认为，有自信的人走路都很快。反之，懒散的姿势、缓慢的步伐是情绪低落的表现，是对自己、对工作以及对别人不愉快感受的反映。

为此，建立自信，女性应该首先通过改变自己行走的姿势与速度，来克服自卑，带来自信。

（5）自信大胆发言

在团队讨论中，很多女性从来不发言，因为她们害怕被别人嘲笑。一般而言，人们的承受力比想象的更强。建立自信的一个方法就是努力在团队讨论中大声说出自己的想法，这样就对自己更有信心。

（6）微笑面对他人

我们都知道笑能给人自信，它是医治信心不足的良药。但是仍有许多女性在亲身经历时做不到这一点，因为在她们恐惧时，从不试着笑一下。笑不但能治愈自己的不良情绪，还能化解别人的敌对情绪。为此，女性应该真诚地向见到的每一个人微笑。

总之，自信是治疗自卑的良药，只要我们勇敢地挺起胸膛，迎接各种各样的挑战，你就会惊奇地发现一个崭新的自我。

贴心小提示

自信，就是对自己能够达到某种目标乐观、充分的估计。如果你觉得上面建立自信的方法不容易做到的话，以下再为你介绍一些通过日常行为增加自信的方法。

1. 穿着得体

尽管衣着不能决定一个人的优劣，但衣服的确能够影响人的自我感觉。没有人比你更注意自己的外表。当你的衣着看起来不太好看时，你的行事方式以及和别人交流的方式就会改变。因而，你可以通过好好打理自己的外表来增加自己的优势。常沐浴，穿干净的衣服以及换个最新款式的打扮能帮助你取得重大的进步。

2. 有感恩的心

对人对事抱着感恩的心，你的生活就会充满阳光，你也会变得更加自信。

3. 学会赞美他人

我们要养成赞美他人的好习惯。不要对别人造谣中伤，而应该称赞身边的人。由此，你将变得招人喜欢，还能建立自信。看到旁人最好的方面，你将直接激发自己好的一面。

4. 关注社会

我们不应太过关注自我欲望的满足而很少关心他人的需求。如果你少考虑自己且专注于自己对这个社会的贡献，你就不会如此担心自己的缺点了。这样可以增加自信，能让你最有效地为社会做贡献。

从现在开始告诉自己：我一定行！

克服浮躁的心理

浮躁是指做事无恒心，见异思迁，不安分守己，总想投机取巧。这是一种病态心理表现，其特点有心神不宁，焦躁不安，盲动冒险等。

人浮躁了，会终日处在又忙又烦的应急状态中，脾气会暴躁，神经会紧绷，长久下去，会被生活的急流所裹挟，应该引起女性的注意。

浮躁就是心浮气躁，是成功、幸福和快乐的大敌。从某种意义上讲，浮躁不仅是人生大敌，而且还是各种心理疾病的根源。

一、认识浮躁的原因

概括起来，现代女性的浮躁之风分为三类：对现有目标的专注度不够、对现有目标的耐心度不足以及现有的目标不切实际。一般说来，女性产生浮躁的心理原因主要有以下两个方面。

（1）社会方面

主要是社会变革，对原有结构、制度的冲击太大。伴随着社会转型期的社会利益与结构的大调整，每个人都面临着一个在社会结构中重新定位的问题，于是，心神不宁、焦躁不安，就不可避免地成为一种社会心态。

（2）个人主观

个人间的攀比是产生浮躁心理的直接原因。"人比人，气死人。"由于盲目攀比，对社会生存环境不适应，对自己生存状态不满意，于是过火的欲望油然而生，使人显得异常脆弱、敏感，稍有诱惑就会盲从。

二、克服浮躁的方法

浮躁是一种冲动性、情绪性、盲动性相交织的病态社会心理，它与艰苦创业、脚踏实地、励精图治、公平竞争是相对立的。浮躁使人失去对自我的准确定位，使人随波逐流、盲目行动，必须予以纠正，其克服方法如下。

（1）不能盲目攀比

"有比较才有鉴别"，比较是人获得自我认识的重要方式，然而比较要得法，即知己知彼，知己又知彼才能知道是否具有可比性。例如，相比的两人能力、知识、技能、投入是否一样，否则就无法去比，从而得出的结论就会是虚假的。有了这一条，人的心理出现失衡现象就会大大降低，也就不会产生那些心神不宁和无所适从的感觉。

（2）要有务实精神

务实精神就是"实事求是，不自以为是"的精神，是开拓的基础。没有务实精神，开拓只是花拳绣腿，这个道理应是人人都懂的。

不能崇尚拜金主义、个人主义、盲从主义，考虑问题应从现实出发，不能跟着感觉走，不能做违法违纪的事，要懂得命运掌握在自己的手里，道路就在脚下，看问题要站得高、看得远，做一个实在的人。

产生浮躁的原因是复杂的，但只要我们客观地认清自我，脚踏实地地生活和工作，就一定能慢慢祛除这个不良的习性。

贴心小提示

你有浮躁心理吗？如果你有如下症状或表现，就说明你已处在浮躁之中：

一是做事无恒心，见异思迁，总想投机取巧。

二是面对急剧变化的社会，心中无底，心神不宁。

三是在情绪上表现出一种急躁心态，急功近利。

四是行动之前缺乏思考。

要克服浮躁，就要客观认识自己，不盲目与别人攀比，一心向着自己的目标前进。只有这样，你才能以良好的心态做好自己的事，实现最终的目标。

第三章 情感构建的心理指导

所谓情感的心理指导，简明地说就是爱情心理学，它是研究男女恋爱中的心理现象及其发生与发展规律的科学。

爱情不仅受社会、思想伦理等因素影响，也受许多复杂心理因素的制约。对此，女人拥有美好的爱情心理，才能领悟和把握真正的爱情，才能使爱情闪耀出美丽的火花。

不要让早恋伤及自己

早恋也叫青春期恋爱,指的是未成年男女建立恋爱关系或对异性感兴趣、痴情或暗恋的一种情感。这个时期,由于年龄局限、涉世不深、心理上不成熟、脆弱且耐受力差,很容易在感情的波折中受到伤害。

一般认为,早恋会带来很多问题,如影响青少年的身心健康和学业成绩等,尤其对女孩更为突出。大量事实表明,早恋往往结不出果实,常常以失败而告终,为此,青春期的女孩子们必须正确对待自己的早恋意识。

一、早恋的表现形式

早恋是一种社会现象。

一般情况下,早恋行为多发生在学生时期,其表现形式与成年人的恋爱一样是多种多样的,在生活中常有如下情况。

(1) 疏远集体

早恋的青春期女孩,在人际交往中,表现出两性之间的一种超出正常交往和友谊的互相接近。我们都知道,恋爱是具有排他性的。青春期女孩如果早恋,往往会疏远与他人的交往。

处于恋爱中的女孩,她的眼里、心里都只有对方。这样,势必造成个人与集体这个大圈了的疏远，恋爱关系的发展必然是两个人的小圈子在集体这个大圈子中的孤立，这是早恋的一种表现。

（2）改变爱好

学生时期的女孩子一旦早恋，有时为了博得对方的欢心，往往会按照对方的要求去改变自己。有这样一个例子，一个平时较安静的女生喜欢上了一个男生，而那个男生则希望恋爱对象更阳光一些、活泼一些，于是，这个安静的女生便经常出现在篮球场上、羽毛球场上，她尽可能地参加一切体育活动，遇到体育比赛，也主动报名参加并特别卖力。这一切表现并不意味着这个女生喜欢这些体育活动，而是因为她喜欢的人希望她这样。

（3）改变形象

俗话说："女为悦己者容。"从这个角度说，女孩早恋的表现比男孩子更明显一些，她们一旦心中有了喜欢的对象，便会努力改变自己去迎合对方。

有的女孩则表现为单相思，其往往对某一异性产生强烈的好感，但由于羞怯、自尊心或者性格的原因，不敢或不愿向对方表白爱情，这种单相思对他人没有损害，却会严重影响自己的学习。

二、早恋的产生原因

产生早恋的原因是多方面的，其主要原因是青春期少女生理的逐渐成熟，以及各种因素和环境对其的改变。

（1）生理因素

进入青春期的少女，由于生理和心理的发育使她们产生了成人感的自我意识，认为自己已经长大成人了，就应该像大人那样有自己的异性朋友，对异性同学产生了性趋向心理，希望得到异性的注意和爱慕，并沉浸在爱情的梦幻之中。这本是一种正常的生理和心理反应，但由于正常的性知识教育没有跟上，因此出现了盲目的早恋现象。

（2）环境影响

由于现代人生活水平的提高，家庭全力以赴对处于学业阶段的孩子进行投资，助长了他们的攀比心理、时髦心理和虚荣心理。这些心理交织在一起，校园里也出现了追求新潮和异性朋友的风气。

同时，在当今的开放年代里，青少年学生通过各种传播手段了解和接受了许多不良刺激，受毒害极大，加之校园里的不良行为，以及他们各自的家庭环境，比如父母的不良行为，都会对青少年带来不好的影响，从而引发早恋。

另外，学生时期的早恋现象还与学校和家庭禁止中学生谈恋爱有关，进入青春期的孩子们正处于逆反期，家长或老师越是不让学生谈恋爱，他们就越是想尝试，越想揭开那层神秘的面纱。

三、克服早恋的方法

早恋对处于成长期的少女的健康成长危害极大，最明显的就是影响了她们的正常学习。许多学生早恋后，无心读书，成绩急剧下降，她们上课精神不集中，考试不及格，导致恶性循环，严重地影响了她们的学业，有的还从此产生厌学情绪。所以，青少年女孩要正确处理好自己的早恋问题。

（1）认识早恋的危害

早恋最大的危害莫过于影响学习。由于早恋者整日都想着自己喜欢的那个异性，因此就没心思去学习，也觉得学习没多大意思，这样上课注意力就难以集中。由于没有认真听讲，学习成绩就会越来越差。

为此，建议青春期女孩应把眼光放远一点，要用理智战胜自己的感情，战胜自己就能摆脱早恋。

（2）男女正常交往

每一个步入青春期的少男少女，随着生理的逐渐成熟，开始关注异性同学，并希望了解他们，与他们交往，这是一种正常的心理现象，青少年对异性的依恋并不是有些家长和老师所认为的那样，是一件丢人和见不得人的事。这与道德品质没有关系。

绝大多数青少年都早恋或单恋过自己喜欢的异性，关键是青少年如何正确处理早恋和男女正常交往的关系。不要过于敏感，不要以为异性对自己好一点就是爱上自己了，也不要动不动就向人家表达爱意。

（3）多参加集体活动

分散对异性的注意力，不要与异性单独交往。多参加有意义的集体活动，可以陶冶自己的情操，树立远大的理想，并能获得同学们的帮助和友谊。

同时，这样做，能分散自己早恋的注意力，减轻烦恼，也能使自己头脑冷静下来，淡化对喜欢的异性的情感。

（4）学会情感转移

把时间和精力转移到紧张的学习和健康的课余爱好上去。多参加集体活动，多看一些文学名著、哲理文章，多想想自己的学习，想想将来在复杂的社会里如何开拓和进取。这样，心胸和视野就会开阔，抱负就会远大，就会焕发出勃勃朝气，不断进步。

总之，早恋不利于身心健康，不利于学习，少女一定要把心思放在学习上，放在正常的人际交往上，只有这样，才能学到真正的本领，才能在将来享受真正的爱情。

贴心小提示

对青春期的女孩来说，在爱情生长的土壤还不具备的时候，最明智的办法是筑好防线，集中精力学习科学文化知识，拒绝接受和传扬爱情的种子。为此，当有人向你表示爱意或求爱时，或当你对异性萌生爱意时，要注意：

1. 告诫自己不可盲目接受

爱情是一种严肃的感情，不可因轻率而伤害了它的美丽。青春期谈爱情不合时宜，与其徒留遗憾，不如拒绝。况且对方很有可能只是一时的冲动或出于其他目的，不能出于同情、虚荣、软弱、新奇、从众或无主见而随便答应，以免造成憾事。

2. 态度明确、果断

当异性朋友或同学向你示爱，不要因此而慌乱。要知道，你的不知所措或犹豫不决，很可能使对方产生误会，你要及时表明自己的态度，不要使问题复杂化。

3. 措辞得体、委婉

拒绝对方时，要本着理解和尊重的原则，注意场合、时机和方式，尽量减少对对方的伤害，不管对方是一个怎样的人，不管你对他是否有好感，都要认识到他鼓起勇气这样做是出于对你的欣赏和喜爱。一般来说，学生时代的感情都是纯洁而真挚的，为此，你在拒绝时要将心比心，珍惜他对你的尊重和信任，不要因为这件事而影响你们今后的正常交往。

认识自恋的情感特性

自恋是人的基本特性之一，英语中的"自恋"这个词，直译成汉语是"水仙花"。它来自一个美丽的古希腊神话：美少年那西斯在水中看到了自己的倒影，便爱上了自己，自此茶饭不思，憔悴而死，变成了一朵花，后人称之为水仙花。心理学借用这个词，把一个人爱上自己的现象称为自恋。

研究认为，女性自恋往往较多地表现为情感自恋和仪表自恋，而男性自恋者更多地表现为习惯自恋和思维自恋。但不管是男性还是女性，过分地自恋都会使自己远离社会，使自己走向极端，为此，女性要正确对待自己的自恋心理。

一般来说，自恋分成一般性自恋和病态自恋。一般性自恋可以说每个人都有一点，具体表现为自我欣赏和自信等；病态自恋则是过分地热爱自己。

女人有一点自恋，也不失为一种可爱。但过度地自恋却是一种病态，是一种会伤害自己、伤害他人的自私情感。

一、认识自恋的原因

病态自恋的女性通常表现为狂妄自尊，过于自负，自视清高。造成病态自恋的主要原因有：

（1）家庭环境因素

单亲家庭在病态自恋形成中有着重要的作用，单亲家长对独生子女非常宠爱。另外，父母是因感情不好而离异的，那么父亲或母亲对对方的怀恨和不满常在孩子面前表现出来，使孩子觉得他人都是不可爱，不宜接触的，从而促使病态自恋产生。

（2）教养方式不当

父母经常有意识无意识地当着孩子的面或他人的面称赞、宠爱自己的孩子，特别是独生子女家庭中，有的父母对子女，尤其是父亲对女儿，母亲对儿子过分亲昵、宠爱，使这些孩子从童年起就产生自恋的倾向。

（3）缺少同龄伙伴

独生子女在家中缺少同龄伙伴，如果家长不鼓励孩子去结交朋友，不为孩子提供条件，甚至还加以阻碍，就会促使孩子从幼年期就产生病态的自恋心理。

（4）受到过多打击

病态自恋的女性在成长的过程中，与同性或异性的交往中出现这样或那样的问题，自己的精神上或肉体上受到重大的打击等，都会产生病态自恋。

二、纠正自恋的方法

事实上，极度自恋的本质是极其自卑；但是，自恋型人格障碍者不像一般自卑的人，直接为自己的缺点不足而痛苦不安。而是反其道而行之，对自身的缺点故意视而不见，她们回避自己的问题，刻意美化自己，甚至到了自欺欺人的程度。

这类人往往无法从不适应、不如意的痛苦中走出来，而在自己制造的美丽幻象中获得自恋快乐。心理上的这种巨大满足，又诱使自己继续欺骗、演戏、幻想、陶醉，以致成了一种习惯。为此，打破这种恶性循环是自恋人格心理纠正的重点。

（1）解除自我中心观

自恋型人格的最主要特征是以自我为中心，而人的一生中，以自我为中心的阶段是婴儿时期。因此，要纠正自恋心理，必须了解自己，我们可以把自己认为讨人厌烦的人格特征和别人对自己的批评罗列下来，看看有多少是与婴儿期相关的。

如渴望持久的关注与赞美，一旦不被注意便采用偏激的行为；喜欢指使别人；对别人的好东西垂涎欲滴，对别人的成功无比嫉妒等。

通过回忆自己的童年，我们可以发现以上人格特点在童年便有其原型。如总是渴望父母关注与赞美，每当父母忽视这一点时，便耍无赖、捣蛋或做些异想天开的动作以吸引父母的注意；童年时衣来伸手，饭来张口；总想占有一切，别的小朋友有的，自己也想有。明白了自己的这些行为都是童年幼稚行为的翻版后，在以后的生活中，便要时常告诫自己：

第一，必须努力工作，以成绩来吸引别人的关注与赞美。

第二，自己不再是儿童了，许多事都要自己动手去做。

第三，每个人都有属于自己的好东西，我们只能自己努力争取自己应得到的，而不是嫉妒别人应得的。

另外，还可以请一位和我们亲近的人作为监督者，一旦自己出现以自我为中心的行为，便给予警告和提示，督促我们及时改正。通过这些努力，自我中心观是会慢慢消除的。

（2）学着去爱他人

对于过分自恋的女性来说，光抛弃自我中心观还不够，还必须学会去爱别人，唯有如此才能真正体会到放弃自我中心观是一种明智的选择，因为我们要获得爱首先必须付出爱。通过爱，我们可以超越人生。

自恋型的爱就像是幼儿的爱，不成熟的爱，因此，要努力加以改正。生活中最简单的爱的行为便是关心别人，尤其是当别人需要我们帮助的时候，如当别人生病后及时送上一份问候，当别人在遇到困难时，我们力所能及地出手相助。我们只要在生活中，多一份对他人的爱心，自恋情况便会自然减轻。

贴心小提示

如果你已经有了自恋的病症，下面有三个锦囊，可以帮助你突破自恋的包围。

1. 转移注意力

尝试着把专注的目光从自己身上移开，去关注他人。当你的注意力被外部世界吸引，你会发现自恋不自觉地消失了。

2. 自我分析

尝试做一个自我分析，最简单的办法就是列出自己的性格优势以及劣势，通过自我分析，一个人甚至可以找到命运的曲线。性格决定命运，人站在命运之上，把握自己的命运，自恋的人会因此找回真正的自己。

3. 归零策略

生活中的人应该在适当的时候为自己归零，让自己回归到零状态。如果你是一个高级职员，在你的职位上做出的业绩都写在了功劳簿上，可是你被提升成经理，在心态上就有必要归零。你会说我很优秀，也没有人不承认你优秀，你的优秀是蚂蚁的优秀，你战胜了诸多蚂蚁脱颖而出，你已经进化成大象，跟你站在同一起跑线上的也是大象。

为此，当自恋成为一种病，当你被自恋情结控制，健康的生活就会无形中遭到侵蚀，我们每个人都应该极力避免并远离它。

不要因大龄未婚而折磨身心

大龄未婚女，一般是指28岁以上还没有结婚的女性。这些女性大部分经济条件优越，既有美丽的容貌又有较好的事业，但因她们对配偶的选择要求比较高，所以迟迟没有完婚。

大龄未婚女在城市里还有一个名称叫"剩女"，她们一般都是高学历、高收入、高智商的女性，因其择偶要求比较高，导致在婚姻上迟迟得不到理想的归宿，最终变成剩女的大龄女青年。

一般来说，剩女有体面的工作和稳定的收入，生活环境舒适优雅，却在爱情上迟迟觅不成理想的答卷。她们有充头的干劲以及追求高层次生活质量的要求，也有远大的理想，总希望找到出类拔萃的另一半。

种种原因导致这一类女性长时间感情难觅，迟迟徘徊在婚姻的殿堂外，随着年龄的增长，她们也就剩了下来，所以成了剩女。

由于种种原因，我国各阶层大龄的独身者队伍日益增多。心理学研究发现，大龄未婚女性，她们表面上看似平静，实际上却受到双重的心理折磨：一是渴望得到爱情的急迫感和久求不得的挫折感的自我折磨；二是父母、亲友的催促，邻里、同事间闲言碎语所造成的环境压力。这种双重折磨时时压抑着大龄未婚女性，使她们处于意识上好胜和感情上自卑的矛盾之中。

一、了解大龄剩女的基本特征

一般来说，女人都想趁着年轻把自己嫁出去，可是当今的社会，大龄熟女越来越多，通常来说，这些大龄女性一般具有如下特征。

(1) 属于"三高"人群

"三高"即高学历、高收入、高年龄，这些大龄剩女基本上都是本科以上学历，有着良好的文化素养，有着较为稳定的职业和收入，也都算是"白骨精"。

(2) 敢想敢做

尽管总是孤身一人，但是作为改革开放后成长起来的剩女们，都是有个性的。她们敢于颠覆传统，并且对自己做出变革性的改变，或者是几个人一起去照一套没有新郎的婚纱照，或者是经常会想一些新奇古怪的点子，总之，这些剩女们不怕束缚，只要想得出来，就做得出来，并且让自己过得畅快淋漓。

(3) 随时期待着爱情

爱情这个话题对于剩女们来说是永不褪色的，而且是充满期待，只是对于这些已经走过青春岁月的女孩来说，爱情的话题已经谈得太久。

二、了解大龄剩女未婚的原因

大龄剩女爱情之花迟迟未开，或者转瞬即逝，未能缔结婚姻的原因往往很多，但主要有以下几个方面。

(1) 情绪纠结

有些女性在年轻时也像其他女性那样，有过爱的激情，有过爱情的体验认识，但最后被对方无情地抛弃、欺骗了。还有的女子，自幼看到母亲或者其他亲友在爱情上遇到的伤害，使她们得出一个单方面的、但很固执的结论，就是男人都不是好人，都是喜欢欺负女性的，他们喜新厌旧，没有良心。于是，她们对异性心存警惕，不敢进入情爱的天地，导致在最佳年龄与爱情擦肩而过。

（2）要求过高

有的女性特别是条件比较优越的女性，受到女不下嫁的思想影响，认为择偶时对方在文化程度与才能上都要比自己高，才配得上自己；有的甚至要求男性必须十全十美，既学识渊博、才华横溢、品行端正、忠厚诚恳，又要身材伟岸、风度翩然、气质不凡。其实，现实生活中十全十美的男性是很少的。择偶的求全责备使一些条件较好的女性选来选去没有合意的对象，不知不觉便走入了大龄未婚的队伍。

（3）机缘错过

有相当多的女性本来可以觅得如意郎君，但因为环境的变迁，使这些姑娘的爱情之花在黄金时代未能开放。如有些女性有很强的事业心，她们在青春最好的时光里，都把全部的时间和精力用在了学习和工作上，顾不上考虑自己的婚姻大事，等到自己学业已成，或者在工作上取得一定成就的时候，才开始考虑自己的个人问题，由此错过了恋爱的最佳时光。

（4）独身主义

现代生活中，有些女性还信奉独身主义，因而错过恋爱的最佳时期，进入大龄未婚女性的行列。信奉独身主义的女性认为结婚会背上沉重的家庭包袱，不如独身一人生活轻松。

其实，独身主义是不可取的，从医学角度看，一般说来，独身生活的女性在40岁以后，衰老比同龄已婚妇女来得早。从生理学角度看，独身生活的女性易逐渐形成孤独、烦躁、情绪不定的消极生理，个别的人还可能形成心理的变态。

二、认识大龄剩女的心理变化

在我们的日常生活中，有部分大龄剩女能够正确地对待自己的个人生活问题，并且以积极的态度去解决个人的生活，但有部分大龄女性却在单身生活期间，逐渐产生了一些消极的心理，因个人的客观条件与心理状态不同，产生的心理变化也不尽相同。她们的这些心理变化大体有如下几种。

（1）逃避心理

有些大龄未婚女性对恋爱婚姻有一种防卫逃避心理。她们不喜欢旁人问自己是否结婚和有没有对象，以及年龄多大等问题。因而，她们不愿意参加集体活动和社交活动，怕旁人问及自己的个人问题是否解决，喜欢一个人看看书，或者一个人到公园、河边、湖边随便走走，从而逐渐使自己形成一种孤独感。

她们常常回避旁人谈及恋爱、婚姻家庭的事情，害怕参加别人的婚礼。有些人因回避发展到迁怒。她们藐视穿戴时髦的小伙子，讨厌一对对卿卿我我的情侣，敌视在她面前炫耀婚恋幸福的人。

（2）悲观心理

有的大龄未婚女性由于青春年华已过，爱情迟迟没有到来，便产生了悲观的心理，以为自己是站在爱情的角落里，爱情的太阳光难以照到自己的身上。更有甚者由于恋爱多次不成功，就以为自己年龄大了还没有结婚是件丢人的事，由此而引发自卑心理。

（3）麻木心理

有的大龄未婚女性产生了一种麻木心理，她们认为反正自己已经年龄大了，就听天由命吧！对自己的婚姻大事反倒不着急了，使她们的爱情心扉处于封闭状况。

（4）封闭心理

有的大龄未婚女性本来就不善于交际，不愿在婚姻问题上采取主动态度，因为害怕别人的询问而常常将自己关在个人的小天地里，交际范围十分狭窄。

（5）敏感心理

有的大龄未婚女性急切地要求解决个人问题，对异性特别是未婚异性很愿意靠近，也很敏感，但有时往往把对方吓跑。有些女性在与尚且合适的对象进行交往中，因为害怕失去总是急于得到一个确定的答复，以致寝食难安。

（6）需求寄托

有的大龄女性看到自己青春已过，认为自己的婚姻没有希望了，就把自己的一切寄托在事业上，她们发奋工作，企图通过事业上的成功来寻觅快乐，得到宽慰。

三、针对大龄剩女的建议与对策

俗话说"男大当婚，女大当嫁"，每个人到了一定的年纪都应该成立家庭，为了让剩女们能早日打开心理枷锁，找到自己的幸福，这里特别为她们准备了几个走出单身困境的秘籍。

一般说来，大龄未婚女性的心理变化各种各样，要根据每个大龄未婚女性心理变化的详细环境，采取相应的措施，做好她们的工作，促使她们早日结成良缘。

（1）正确对待迟来的爱

大龄未婚女性要正确对待迟来的爱情。要知道，在合适年龄结婚的女性如同在爱情花园里盛开的春桃，但迟来的爱情好比是傲霜的秋菊，而秋菊之媚并不逊于春桃之艳。因此，大龄未婚女性要从实际出发，积极而慎重地努力解决自己的个人问题。

（2）破除传统婚配习惯

婚姻是以爱情为基础的，婚姻的幸福决定于男女双方能否建立起真挚的爱情，并不决定于是否结过婚或者存在年龄差距。在我们的生活中不乏大龄女性与离婚的男性结婚，夫妻相亲相爱的例子。为此，大龄女性应以感情为主，而不应顾虑传统眼光。

（3）加强日常社会交往

大龄未婚女性要充分利用业余时间，加强日常的社会交往。这样不仅可以驱散心中的孤独感与寂寞感，而且能在来往中结交很多异性朋友，在结成友谊的基础上，有可能发展为爱情。

（4）善于捕捉爱情机遇

耐心等待、积极与异性接触了解，并善于捕捉机会是克服大龄女性惧婚心理的良方。对于有过恋爱史的大龄未婚者来说，特别要注意克服前瞻后顾心理。随着恋爱次数的增多，头脑中具有的恋人形象也增多了，容易产生前瞻后顾心理。这有点像到商店挑选商品，挑来挑去总不满意，甚至觉得一个比一个差。

（5）适当制造偶遇

大多数剩女还存在"女人就该等男人来追求"的观点，这样其实会失去很多机会，为此，剩女们在"情人节""平安夜"等具有浪漫色彩的节日里，更应该主动点，抓住节日派对的时机，给自己多制造点偶遇的机会。

（6）困难时多依赖

这里所说的依赖，是依赖自己平时里关系很好的男性朋友，当然这个朋友最好是自己有好感的，且同时他也是单身的。对剩女来说，身边有一个知心男性朋友并不是坏事，因为他可以帮自己从不同角度分析问题，但这也许会让身边其他的男性误会你名花有主，不过当你在困难的时候，还是可以寻求他的帮助。

（7）坚持择善固执

剩女们的婚恋决策需要果断坚定，最忌左顾右盼、观望等待。决策的作用在一时，而一世的幸福更多有赖于"经营"二字。也就是说，婚恋一旦选定了目标，就应该贯彻"择善固执"的原则，不因一时的挫折和困难放弃对婚恋的信念。

所谓"择善固执"，就是认定目标不放弃。所以，"择善固执"是个人修养的最高境界之一。择善的固执，是真知睿智的勇气。

为此，大龄未婚女性，要充分、及时地利用各种机会，获得更多认识异性的机遇，扩大自己的社交范围，主动寻求幸福。另外，社会也应积极创造条件，为广大未婚女性搭桥牵线，帮助大龄未婚女性解决她们的个人问题，只要大家齐心协力，大龄女性的婚恋问题就一定能够得到圆满解决。

贴心小提示

"男大当婚，女大当嫁"是自古传下来的说法，可有些女性一不小心就成了大龄未婚女，特别是一些都市的单身女性，她们由于工作压力大、作息没规律、情感无处宣泄等诸多原因，更容易在生活中使自己患上各种疾病，为此，建议你在寻找爱情的同时，还要注意自我保健，因为健美的身体是你寻觅佳偶的本钱。那么，怎样才能保持好的身体呢？

应积极应对工作和生活的压力，放慢生活的步调，或改变生活方式，通过轻松的户外活动和自己感兴趣的活动来减缓压力、舒展身心。学会控制情绪，学会调节心理平衡，保持良好的心理状态，做到知足常乐，保持心理健康。另外，要加强运动。运动可以储备生命力，保持旺盛的工作精力和能力，加速血液循环，延缓衰老。

最重要的一条：大龄剩女若想出嫁，需要具备一个素质，即眼明手快。看中如意郎君后绝不迟疑，该出手时就出手，一切都得讲个速度。你已经没有多余的青春可以跟他耗下去了，直接出招吧！

这里给几个很好的建议：

1. 不要用挑剔的眼光看男人

因为你自己的年龄已经不小了，所以你要明白虽然爱情永远都不能将就，但也没有必要用挑剔的眼光看男人，为此，建议你最好先改变思维，对一些小毛病、小陋习不妨大度一点。

2. 先接触体会感觉

不是每一次恋爱都可以一见钟情，所以第一感觉也不是每一次都很重要，先接触一下，至少吃顿饭、看个电影、逛个街，再来全面考虑这个男人是不是你要的那种。当然，前提是你对这个男人不反感。

3. 不要轻易谈恋爱

如果一个男人告诉你，他只是想要一场恋爱，那建议你还是敬而远之。因为，你已经是"剩女"了，需要抓紧时间。而男人则没有这种心态，他不着急，现在40岁不结婚的男人也有很多。

4. 爸妈的唠叨得听着

到这个年龄了，肯定每家的父母都会唠叨几句，因为没人唠叨我们就不急，有人老念叨，这样就可以更快地把自己嫁出去。

5. 永远相信爱情

虽然把自己剩到了30多岁，但一定要相信，爱情是美好的，相信它就在前方。

正确地面对失恋

失恋是指恋爱中一方被另一方所抛弃。从心理学角度来看，失恋可以说是成年人生活中最严重的挫折之一。失恋引起的主要情绪是痛苦与烦恼。尤其是女人往往会出现心理失衡，性格反常。严重者很容易导致过激行为，如采取自杀、报复等方式。所以必须注意心理的调适。

一、了解失恋的表现

失恋是指恋爱的一方否认或中止恋爱关系后给另一方造成的一种严重挫折。一般来讲，舆论挫折和家庭挫折，难以中断恋爱者的恋爱意向；相反，逆反心理往往会强化恋爱者的爱情关系。失恋则不然，这是一方对另一方不满意导致分手。一方失去了对方的爱情，而这种情感又无法替代。因此，失恋会造成一系列消极心理，如难堪、羞辱、失落、悲伤、孤独、虚无、绝望等。这些不良情绪，如果得不到及时的排除或转移，就很容易导致悲剧的发生。

失恋对执着于爱情的人来说，就如晴天霹雳，没有人愿意平白无故地失恋，就像没有人想莫名其妙地被雷击一样，大多数人在失恋后能正确对待和处理这种恋爱受挫现象，愉快地走向新生活，然而也有一些人不能及时排除失恋后的消极情绪，导致心理失衡，性格反常。一般情况下，失恋者的心理表现有以下几种情况：

（1）绝望

有的女性突然失恋以后，在情感上首先会产生极大的悲伤和痛苦，随之而来的便是愤怒和绝望，这很可能会导致她产生鲁莽的异常行为，如自杀、殉情、报复他人等。

（2）报复

这种情况通常发生在一些感情受到欺骗，被玩弄的失恋者身上。为了宣泄自己的愤怒和不满，可能采取不理智的极端行为，甚至以自己的沉沦来报复社会和他人。

（3）自卑

有的失恋女性因自尊心受挫会产生强烈的自卑感，有的甚至从此拒绝爱情，性格变得孤僻、古怪，严重者有自杀念头或行为。

（4）易怒

女性失恋后，有的人易将消极的情绪迁怒到别人或事物上去，如易发脾气，对任何事都觉得不顺心，容易发怒，这种无端的迁怒常会导致行为偏激。

二、战胜失恋的方法

女性失恋的不同心理反应，会影响人的身心健康，严重的甚至会导致一系列社会问题，为此，我们应当学会自我心理调整。

（1）倾吐

当自己在精神上遭受打击，被悔恨、遗憾、留恋、惆怅、失望、孤独、自卑等不良情绪困扰时，应当找一个可以交心的对象，倾诉自己胸中理不清的爱与恨、怨与愁，以释放心理压力；或用书面文字如日记、便签把自己的苦闷记录下来，这也可以减轻自己的心理负荷，求得心理解脱。

（2）自强

失恋女性在初期最常见的反应是丧失信心、自怨自艾、愤愤不平，觉得无脸见人，或自甘堕落、逃避现实。报复之法不可取，而灰心丧志，每日以泪洗面，也不足取。因为这些举动，对自己没有丝毫的益处。

面对失恋，最好的方法是好好过日子，自立自强，活得比以前更好，努力使日后的学业、事业更加进步、发达，将来嫁一个比原来更好的对象。

（3）移情

爱情固然是每个人所渴求的，但没有绝对顺利的爱情。失恋以后，女性应该审视爱情在自己人生中的价值与地位，放弃人生就是一种爱情重于为社会做贡献的偏颇的爱情至上观点，我们应及时、适当地把情感转移到失恋对象以外的其他人或事上。

如失恋后，可积极参加各种娱乐活动，释放苦闷，陶冶性情；可投身大自然，把自己融化到大自然的博大胸怀中，以得到心灵的抚慰。

要知道，人活在这个社会，要经历许许多多的困难，失恋并不是什么大不了的事，我们要笑着面对一切，才能再次迈向成功。

贴心小提示

失恋是一种特别的体验，为了减轻自己失恋后的损失，你在恋爱前，最好先给自己打几针"失恋预防针"。

第一"针"，你必须要明白一个真理，那就是谈恋爱有两种结局。第一种结局就是甜蜜地走入婚姻的殿堂；第二种结局就是不可避免地分手。这两种结局都是很正常的，无论你的结局是哪种，请提前做好心理准备，特别是分手的准备。没有准备好，就不要猴急地去谈恋爱。

第二"针"，作为女孩子，不要随便跟人发生关系，最美好的，要留给最爱自己的人。

第三"针"，恋爱中，如果发现对方的心里有了别人，不要傻傻地认为他会回心转意。

第四"针"，失恋后，可以哭，可以折磨自己，也可以折磨别人，要记住，凡事有度，过犹不及，不然你会失去更多。

第五"针"，即使真被甩了，也没有什么可自卑的。失恋并不等于失败，整个人生并不会因为失恋而黯淡无光，反而有时人生会因为失恋而变得更加美好。

理性地纠正拜金主义心理

拜金主义就是把金钱看得高于一切而盲目地崇拜。随着现代社会市场经济的日益发展，金钱在人们心中变得越来越重要。

于是，在我们的周围，特别是近些年来，越来越多的未婚女性变得特别拜金，"大学毕业就嫁人，要嫁就嫁有钱人""找工作看'钱途'"这样的口头禅在高校校园日趋流行，不少人感叹当代有知识的青年人越来越拜金，为此，当代女性应该正确地认识金钱，以免误入歧途。

拜金主义是一种金钱至上的思想道德观念，认为金钱不仅万能，而且是衡量一切的标准。持拜金主义观念的女性认为"在社会上，无钱万万不能""金钱至上"，她们找对象一定要找有钱人。

一、认识拜金主义的危害

拜金心态说白了就是"唯利是图"。其本质就是自我和唯我。自我的意思就是我的利益天下第一，唯我的意思就是为了我的利益，可以出卖一切。

从这里我们可以看出，拜金主义，其实是一种罪恶。因为，无论是出卖自我，还是出卖他人，都会间接或直接伤害他人的利益。

在传统价值观中，人们普遍认为拜金、过于看重金钱是缺乏美德的表现,尤其在择偶中,克勤克俭、艰苦奋斗的女性往往是"贤妻良母",是"有德"的表现。但在现代的商业社会中,高压力带来强烈的物质需求,导致了拜金主义。

一些女性在体会到金钱带来的物质享受后,很容易走上极端,认为"在社会上,无钱万万不能",轻易将婚姻、爱情、金钱画上等号。

二、纠正拜金主义的思想

金钱作为固定地充当一般等价物的特殊商品,作为对基本生存和日常生活用品获取能力的数量化表现,直接决定着人们物质、文化消费的数量和质量,与人们的衣食住行、喜忧哀乐息息相关,谁也离不开。常言道"金钱不是万能的,但离开金钱是万万不能的",这话并不错。

不过,怎样看待和对待金钱,怎样获得和消费金钱,树立什么样的金钱观,直接涉及世界观、人生观和价值观方面的问题,仍然很有必要搞清楚,这是纠正拜金主义的前提。那么,如何才能有效地消除拜金主义的不良观念呢?

(1) 金钱要取之有道

根据社会主义按劳分配的原则和有关政策,通过自己辛勤劳动所得的报酬、正当的利润、合法继承的遗产、银行存款的利息等,都属于正当合法的收益范围。贪污盗窃、投机倒把、损公肥私、行贿受贿、走私贩私、坑蒙拐骗等所得的金钱,则是不正当的、非法的。所以,我们对于金钱的获得要遵从"取之有道"的原则。

(2) 培养高尚的道德观念

拜金主义是一种不良的思想,要消除它,就要培养积极、健康、向上的思想观念,要有强烈的社会责任感和使命感,勇于、善于批判那些腐朽堕落的世界观、人生观、价值观,积极净化社会空气和生活环境。

（3）摒弃堕落的享乐思想

好吃懒做、不思进取、贪图享受、大吃大喝都是不健康思想，它只能把人推至颓废的边缘，使人陷在温柔之乡难以自拔。摒弃堕落的享乐思想，树立健康的人生观，是我们走向成功的首要条件。

为此，当代女性应该提高自身的道德水准，树立正确的金钱观，以保证我们自由掌控金钱以创造更大的价值，而不被金钱所控。

贴心小提示

在你的生活中，你是怎样对待金钱的？以下的测试可看出你的处世方式及性格。

第一题：如果你必须写封短信，手边正好有张大纸，你将怎么做：

A. 把纸撕一半写信；B. 以较大的间隔写信；C. 根本就不考虑这个问题。

第二题：一不小心，掉了几枚硬币，滚到不易取出的地方，你将：

A. 尽量把钱一一捡回，不怕费时费力；B. 毫不在意，一走了之；C. 深感惋惜，但因怕费时只寻找那些好取的。

第三题：同学请你吃饭，你会：

A. 按自己的口味猛点，不管能不能吃完；B. 吃不了打包带走；C. 尽量多吃，不怕撑着，以免浪费。

计分方法：第一题：A得2分，B得1分，C得0分；第二题：A得2分，B得0分，C得1分；第三题：A得0分，B得2分，C得1分。

结果分析：0分或1分，看来你有浪费的倾向，在花钱上表现轻率，今后应该学会珍惜。

2分至4分，祝贺你，你对待金钱非常理智，会用钱又不被金钱所累。

5分或6分，你对钱有点贪了，你应搞清楚钱是干什么用的。

清醒地认识网恋的问题

网恋即网络恋爱，指男女双方通过现代社会先进的互联网媒介进行交往并恋爱。在我们现代的生活中，随着网络普及速度的加快，网络正在渐渐成为广大青年男女日常生活中不可或缺的信息获取方式和交流工具。但是，在看到网络给网民带来积极影响的同时，我们也应注意到网络给人们带来的负面影响。

就网恋来说，由于具有一定的虚拟性，所以它在促成未婚男女结合的同时，也成为夫妻分手的重要原因之一，并且网恋导致婚外情、造成夫妻感情破裂的案例正在逐年渐加。

一、了解网恋

对于网恋，不同的人对它的看法不同，有人避而远之，唯恐不小心掉进网恋的陷阱让自己受到伤害；也有人觉得无所谓，认为如果遇到自己喜欢的人在网上恋爱也不错；还有人认为网恋虽然美丽浪漫却总是太虚无，美丽过后太痛苦，想尝试却又害怕，于是多了一份暧昧的感觉，总的来说，网恋有以下特点。

（1）虚假性

网上存在着很多的虚假性，有些不法分子利用自己编造的一些"腰缠万贯、权力地位、容貌出众、谈吐特别"的形象欺骗那些不谙世事的少女的感情。他们对年轻的女性只是给一些表面的东西做诱饵。他们欺骗别人自己有多大的能耐与本事,也或者故意诉说自己的不幸与挫折,要别人仁慈行善给予金钱、物质救济等。

(2) 短命性

网恋就像是象牙塔里的一些大学生"临时搭伙"吃饭式的恋爱一样,等到毕业时就马上散席,这里的短命不是指人的寿命长短,而是指那些没有打下坚实基础的网恋者关系不稳定。他们网恋不过是想寻找一种解脱寂寞、孤独、空虚、无聊的方式而已,同时他们也是想寻求一种刺激,聊以自慰。事实上,在现实生活中通过网恋而走向成功的婚姻殿堂的人确实不多,据统计,网恋的成功率只有2.3%左右。

二、防止网恋被骗

网络群体以青年人为主,而且青年群体认同感很强,导致了网恋在该群体中的流行。面对越来越多的网恋现象,女性应该怎样保护好自己呢?

随着网络的普及,利用网恋进行诈骗的不法分子很多。他们利用网络,选择单身且生活空虚、经常上网的人员为作案对象,虚构身份,以悲惨的生活经历博得对方同情,使对方放松警惕,伺机而动。

网恋虽然浪漫却很虚幻,建议女性在网恋上不能投入太多感情和财力,以防被骗。

心理学通过研究分析发现,网恋包括游戏型、感情寄托型、追求浪漫型、表现自我型、追求时尚型、随波逐流型等多种心理类型;而不管是哪一种类型,几乎都具有一个共同特点:把网恋视为一种情感交流的方式。

有一些年轻人经常在网上谈恋爱,严重影响了学习或工作。为此,建议女性不能把过多的精力都放在网络上,而应该多交际,多学习,在现实生活中寻找属于自己的真正的爱情。

贴心小提示

网恋只是一种形式，一场健康成功的网恋最终必然要从虚幻走向真实，柏拉图式的精神恋爱绝非长久之计。网恋实际是一场真实恋爱的前奏。为此，如果你选择网恋的话，这里需要提醒你注意以下几点。

一是不能投入全部的真心，为爱留一条生路。网恋大都是以文字相见。比如说聊天，或幽默风趣，或仪态大方，或机智率真，或风情万种，天长日久双方便生爱慕之心。但你要明白，来网上晃荡的人有一部分已经成家了，并且婚姻生活已进入了平淡期。为了寻找刺激，来网上虚拟一把恋爱，以期能重新燃起婚姻生活的激情。在网上与合得来的异性聊一聊，偶尔心起涟漪也无大碍，但不能钻牛角尖。有的人会义无反顾地投入全部真心，迷失自我甚至影响生活。因此，网恋要保持适当的距离，为爱放一条生路的才是智者。

二是如果你想要发展一场认真的恋爱，那么相互间的深刻了解和沟通是必不可少的。现在很多人以见异性网友为乐，认识一两天就见面的比比皆是，同时又怀着很强的目的性。然而这种"相亲式"的见面成功率极低，也失去了网络聊天的原有内涵，仅仅建立在彼此外形吸引上的感情也是短暂而肤浅的。

因此，网恋双方一定要经过长期的交流，让彼此纯精神的感情交流都经过时间的考验，再考虑向现实进一步发展。

三是平淡对待。无论如何轰轰烈烈的网恋总有结束的时候，但大多数的网恋总是美丽开始、痛苦结束，为此，如果你的网恋不成功的话，你没必要太伤心。

不要放任占有欲膨胀

心理学认为，占有欲是指个体主观希望控制某项事物的思维表现，一旦这种企图控制的欲望得不到满足，人就会出现一定程度的心理失衡，或者陷入沮丧的自我否定中难以自拔，或者导致某些极端行为的产生。

很多时候，我们都知道女人有着强烈的购物欲，其实，相对于购物欲，女人的占有欲要强烈得多。很多女人，可以容忍自己一个月不买衣服，却绝对不允许自己身边那个男人多看别的女人一眼，这就是女性对男性的占有欲。

从爱情层面来看，占有欲实际上男女都有，只是有些人强些，行为表现得明显些，而有些人善于掩饰隐藏罢了。一般的人，对爱情的占有欲往往只是表现在介意伴侣和异性有过于亲密和深入的接触上，也就是平常我们所说的"吃醋"，这是人类正常的心理活动，并不算心理问题。不过，如果"醋"意太大，使人生厌，就必须要克服了。

一、了解占有欲

女人是一种很奇怪的动物。每个女人或多或少都做过这样"无聊"的事情，明明不喜欢一个男生，却还是希望他拼命地追求自己，甚至为了鼓励他不放弃，还会在明知不可能对他有感觉的情况下，给他一些不负责任的鼓励。一遇到有其他女孩子打自己追求者的主意，便会马上拼死捍卫，毫不留情。

所以，很多时候男人追了一个女人很久后始终没得手，但当她看到他和其他女人吃饭时，又会表示不满。女人的这些无聊行为，其实通通都源自她们的占有欲。

占有欲，男人有，女人也有。但是男人的占有欲往往是很简单的，比如要求自己的女人不要和其他异性过从甚密，至于女人陪自己多还是陪闺密多，陪自己多还是陪她的爸妈多，这不会对男人造成困扰。

但是女人的占有欲显然复杂得多，也难以满足得多。比如，女人是很介意男人下班之后是回家来陪自己吃饭、看电视，还是和哥们儿一起泡酒吧、看球赛的。女人也很介意男人周末的时候陪自己的父母多，还是陪她多。甚至最常见的表现是，女人经常会问自己的爱人那个最经典的傻问题："我和你妈妈同时掉到水里，你先救哪个？"这些均是女性对爱人的占有欲。

二、认识占有欲的危害

爱情是绝对唯一的，是不能与他人分享的，但是如果过度地占有对方，希望操纵或控制爱人的一切，就会出现很多问题。

现实生活中，有许多女人占有欲过盛，只要发现男人稍有"跑神"，便会立马变成一个打翻了的醋坛子。动不动就大哭流泪呼天抢地，连男人的七大姑八大姨、八辈子祖宗一起骂，甚至还会寻死觅活，找男人的单位和领导大闹，让男人身败名裂、生不如死。这种做法的最后结果就是夫妻劳燕分飞。这不能不说是一种愚蠢的行为，对爱情更是有百害而无一利。

其实，不管是男人还是女人，偶尔占有对方是相当有好处的，给对方甜蜜的感觉。但是，过分地占有却是一件非常可怕的事情，不但会伤害感情，而且会影响到男人的事业和女人的心态，长此以往爱情便会在不知不觉中破裂。

三、克服占有欲的方法

女性占有欲过强是一种爱嫉妒的表现，其缘于内心深处对对方的爱，但同时又因其自身的自卑和对方社会地位的提高及对方对她们的相对冷落而加剧。如不及时加以排解、控制和引导，其后果是相当严重的，轻则夫妻感情破裂，重则形成严重的心理疾病。为此，聪明的女人要学会克制自己的占有欲。

（1）互相信任

爱情就像沙子，抓得越紧，漏得越快。具有强烈占有欲的女性应该明白恋人并不是自己的私有物品，所以根本不可能占为己有。与恋人的过去或将来的承诺相比，自己应该更重视现在的感觉，他和自己的感情并不需要用进一步的"刺激"来增温，而是依靠彼此的信任度来推进即可。

（2）给对方自由

具有强烈占有欲的女性应该明白，爱人有自己的生活方式，不希望别人干涉自己的自由。鉴于"己所不欲，勿施于人"的道理，建议女性不要过分约束恋人的自由，要习惯他的方式，而不能误解他，彼此注重沟通才能相互理解。

不论如何，在任何时候，女性一定要表现得大度，要有所为，有所不为，该糊涂的时候要糊涂，要掌控但要取舍有度，最为主要的还是要不断提高自身的修养，以自身的情趣、气质和大度去化解各种矛盾。

贴心小提示

也许对爱人的占有欲已经成为你的一种习惯，事实上，这是一种对你非常不利的习惯，因为这种习惯常常会使你的爱情之花逐渐枯萎。若要改变这种状况，你需要从下列的日常细节做起，这样才能使你的爱情之树长青。

一是每天有意识、真诚地赞美爱人三次以上。

二是尽量不对爱人说"不可能"三个字,而要委婉地说:"等一等,让我想想。"

三是当双方的爱情发现异常时,第一反应是找方法,而不是找借口。

四是在爱人对你说话时,请用心倾听,不要打断对方。

五是在对爱人提意见之前,先考虑一下对方的感受。

六是及时写感谢卡,哪怕是用便笺写。

七是不要用训斥、指责的口吻跟爱人说话。

懂得避开爱情的误区

真正的爱情,就激情来说,是生命的一次震颤;就温柔来说,是彼此的呵护和关爱。爱情的殿堂是圣洁的,它需要用纯美的心灵来起航。

人类的情感是复杂的。许多人间的真情是美好的,令人神往的如亲情和友情,但它们却不能与爱情混为一谈。一些年轻女性之所以在感情问题上感到很伤神,常常是因为对感情的把握发生了偏差,为此,女性应该正确地把握以下几种常见的爱情误区。

一、尊敬不等于爱情

有的年轻女性对工作积极和有突出贡献的人很尊敬,有的常常因为对自己的异性领导很佩服、很敬重而产生爱情。

但女性应该明白,相爱之人固然是相互敬重的,但是异性之间单纯的敬重并不能代替爱情。为此,女性要善于区别尊重与爱情的关系,如此对于自己的恋爱与婚姻才会有益。

二、感激不等于爱情

俄国著名作家车尔尼雪夫斯基在《怎么办？》一书中，写了一位叫藏拉的姑娘，她反抗家庭强加于她的婚姻，得到罗普霍夫的支持。出于对罗普霍夫的感激，藏拉与他结了婚。婚后她发觉，自己对罗普霍夫并没有爱情，她爱的是罗普霍夫的朋友吉尔沙诺夫。于是，这样就造成三人都很痛苦。后来，罗普霍夫也意识到他与藏拉没有真正的爱情，他用假死解除了婚约，成全了藏拉与吉尔沙诺夫，而罗普霍夫最后也获得了属于自己的爱情。

女性应该明白，因感激对方而选择爱情是不正确的，必须要对对方建立实际的爱情，才能得到真正的幸福。

三、同情不等于爱情

在与异性的交往中，女性经常会产生男女之间的同情。同情是人类的一种宝贵心理品质，但同情并不是爱情。女性更富有同情心，因此容易把同情与爱情混淆。女性也易体察男性的同情心，对来自异性的同情心很敏感，因此也易误认为异性的同情心就是对自己的爱情。现实生活中把同情与爱情混淆的事例屡见不鲜。

当然，不可避免的是，未婚异性青年在同情的基础上也有可能会发展成为友谊，在友谊的基础上再发展成为爱情，不过这是需要漫长的磨合和过渡的。

四、友谊不等于爱情

异性友谊与爱情本质上是两回事，但异性友谊与爱情也有联系。异性友谊进一步发展可以转变为爱情，但异性友谊毕竟不是爱情。

有些女青年与男青年在学习与工作中建立了友谊。有时男女青年误认为对对方有了爱情，而主动地向异性求爱。这说明在实际生活中，有些青年把友谊与爱情混淆了。

一些女青年混淆了友谊与爱情的界限，主动向男方表达爱情，遭到婉言谢绝，自尊心受到挫折，情绪低沉。为此，女性应该明白异性友谊是广泛的。在学习与工作中，一位女性可与多个男性在彼此感情的基础上发展成为同志友谊。但爱情却具有排他性，一位女性只能与一位男性结成爱情关系，即爱情是专一的。

同时，爱情具有性意向。性意向是构成爱情心理结构的一个重要因素。在正常的心理状态下，不具有性意向的爱情是不存在的。异性朋友之间的友谊不具有性意向。

异性双方都没有恋爱对象或爱人，异性朋友之间的友谊可能在一定的条件下发展成为爱情。异性双方或一方已有恋爱对象或爱人，在正常的心理状态下，异性朋友之间的友谊不应该发展成为爱情。异性之间恋爱的目的与归宿是结婚，结为夫妻组成家庭。

综上所述，女性应把爱情和友情区分开来，不要轻易选择异性好友作为自己的恋爱对象。

五、要正视一见钟情

在我们的生活中，青年男女常常出现一见钟情的情况。

从心理学角度来看，一见钟情是一种正常的心理现象。当一个人进入青春期以后，便会自然萌发对异性的向往和追求，从自己的审美标准、价值定向、修养水平出发，朦朦胧胧地憧憬起自己理想中的情人来。

比如，许多女青年为一些电影明星所倾倒，希望自己未来的丈夫是英俊、潇洒的现代男子汉。这种理想模式尽管是模糊的，但表明了选择配偶的心理倾向。然而，好感毕竟属于感性阶段的心理活动，如果把好感当作爱情，这就是对爱情的误解了。

因为爱情是人类特有的精神现象，它由生理现象产生，并带有深刻的社会内容。动物的性活动并不选择特定的异性对象。人则不同，人的意识、情感、志趣、价值定向等复杂的精神生活决定了他选择配偶的复杂性。从这个意义讲，爱情是伴随着对对方的细心观察、冷静思考、诚心培养而产生的。

一个人的品格、才华、修养往往通过他的举止言谈表现出来，在理想模式正确、观察能力强的前提下不能说没有可能在三言两语、一顾一瞥中做出准确的判断，觅到理想的知音。但是，必须指出，这具有很大的偶然性。

一见钟情毕竟处于认识的感性阶段，因为这种感情大多产生于对对方外表、举止的爱慕之上，这种爱慕远远谈不上深入人的本质，因此，女性切不可把一见钟情看作恋爱的终点，形成闪电式的恋爱，造成闪电式的结婚，这样可能铸成大错，将来后悔莫及。

贴心小提示

虽说时间可以改变一切，但是放在爱情里，你就得掂量一下，自己对对方的情谊到底是不是爱，在没有完全了解对方的情况下，千万不要轻易去爱，因为爱情和婚姻一样，不是儿戏。

作为一个成年人，你要明确恋爱的目的是结婚，爱情的基础是追求亲密伴侣和生活上志同道合的朋友，如果你们生活上不能互助互谅、志同道合，就不能建立起真正的爱情，那么怎么才知道自己是真的爱上他了呢？

这里，告诉你一个简便的方法：如果你嫉妒别人和他接触，就表明你已经爱上他了。因为恋爱中的嫉妒是一种爱的信号。

第四章　家庭关系的心理沟通

　　家庭是社会的细胞，是由一定范围内的亲属所构成的社会基本组成单位，正是这一个个细胞组成了五彩缤纷的大千世界。

　　家庭关系的心理态势是指以系统观点为基本立场和出发点，对个体、夫妻和家人在相互关系中以及在他们活动的广泛的环境中的情感、思想和行为进行研究的科学。其目的是帮助我们用良好的方法解决家庭中常见的问题，并以良好的心理构建一个充满亲情而和睦的家庭。

要懂得什么是真正的母爱

　　母爱就是母亲对孩子的爱,这是世界上最博大无私的爱。母爱像春雨,传递给了大地;母爱像溪水,传递给了河流;母爱像友情,传递给了知己。母爱默默地付出,却不求回报。

　　作为女人,总有一天会做母亲,那么,该如何才能正确地培养自己的母爱呢?

一、树立正确的人才价值观

　　人才价值观念,具体指母亲对人才价值的理解,对教育和培养子女成才的认识。在我们的生活中,不同的人,对"成才""人才"的认识是不一样的,有的认为知书识礼、学问高深的是人才,有的认为有权有势的是人才,有的认为赚得大钱的是人才。因为人才观的不同,追求的目标就不一样,对子女的期望和要求也不一样,最后的教育效果也不一样。

　　做母亲的女性应该明白,人的价值在于能为社会做出贡献,做一个社会需要的人,做一个对社会、对家庭都有用的人。人类的母亲爱孩子,不能像动物那样仅仅从生存和安全的角度出发去保护孩子,而应该有明确的目标意识。"爱"是为了把孩子培养成对社会有用的人,被时代所需要的人。

那么，什么样的人才是对社会有用、被时代所需要的人呢？最基本的素质是具有良好的社会道德意识行为、乐观健康向上的心态、积极的探索和学习的精神、良好的身体状况和社会适应性。

孩子的基本素质不是与生俱来的，而是在耳濡目染父母长期的言行举止、行为榜样与社会环境交互作用中逐渐形成的，其中母亲的人生价值观念有导向作用。

所以，母亲的情感不能盲目地付出，而应该围绕目标，有针对性和选择性，在自身的言行和对孩子的教育上选择有利于孩子发展进步的方式和内容，而不是我行我素，无所顾忌。

二、有良好的亲子关系

孩子究竟属于谁？心理学认为，作为母亲的女性不仅应当把孩子看成家庭中的成员、自己的骨肉，同时也应该把孩子看成社会的人，是国家和民族的未来。所以，母亲有责任和义务把孩子培养成国家所需要的有用人才。

由于受长期封建传统思想的影响，许多母亲总把孩子看成自己的私有财产，父母对儿女任意处置，打骂娇惯全凭自己的意愿，很难用平等的态度对待孩子，要么把孩子当成宝贝过分溺爱、处处包办代替，任其为所欲为；要么对孩子寄予过高的希望，巴不得在孩子身上实现自己所有的理想和追求，丝毫不顾及孩子的水平和能力，还美其名曰"为了孩子"。

有的母亲也知道孩子是国家的未来，但在实际行动上又完全按照自己的主观愿望来教育孩子，要求孩子完全服从自己，而自己对孩子却不尊重、不沟通，更谈不上相互学习。

要知道，在新时代，母亲和子女不仅有血缘上的联系，更重要的是一种互相依赖、互相学习、共同进步的社会联系，亲子关系是一种互爱、平等的关系。

母亲和儿女之间要培养共同语言，相互沟通，要注重和孩子进行情感上的交流，取得孩子的尊重和信任，主动地了解孩子。我们知道孩子的兴趣爱好、性格特点、优势和不足，还要正确地对孩子进行引导、批评。

父母培养子女是社会义务，同时也能享受子女的成功和成才带来的欢乐，但如果母亲逆社会需要、一味按自己的愿望去塑造孩子，那么孩子今后可能跟不上时代的发展，缺乏自信和独立，常常受挫碰壁，家庭的温馨和快乐也会由此受到影响。

三、学习必要的育儿知识

大量研究表明，许多家长对儿童身心和社会发展的相关知识了解很少，他们非常希望培养出优秀的子女，于是强迫教育、超前教育，巴不得自己的孩子是超常儿童，常常跨越孩子的认识能力水平施加教育，"拔苗助长"，最后害了孩子也苦了家庭。

母亲是家庭教育的主要承担者，在"母爱"驱动下，母亲对孩子更为关注，但如果母亲没有把握子女身心发展客观规律的有关知识，那么可能的结果是"爱之越深，损之越烈"，有些孩子的妈妈，牺牲自己的一切换来的却是永远的噩梦。

心理学认为，作为母亲的女性应当把子女看成具有独立人格和自尊的人，孩子有自己身心发展的规律和特征，家长不应该把自己的思维方式和意愿强加给孩子，应当按照儿童发展、教育的规律进行家庭教育。大人应当爱孩子，鼓励和支持他们，保护和引导他们，但绝不能代替他们，实际上也代替不了。

那么，该怎样才能掌握子女身心发展客观规律的有关知识呢？唯一的方法就是学习，向有经验的母亲学习，向有关专家请教，到有关的书籍中取经。

关于儿童教育方面的书籍、报刊很多，社区、学校也经常会组织学习，作为母亲要主动参加这些学习，从中获得孩子在各个不同年龄阶段成长规律的知识，结合自己孩子的实际，不断调整自己的认识和行为以适应孩子发展的节奏。

四、不断提高自身的素质

母爱是情感的投入，是自觉的行为。但情感和行为都是受思想支配的，而个体的思想又取决于个体的认识水平、知识结构、价值观念、行为准则等多方面素质，所以做母亲的女性要真正施与母爱，就要对自己提出很高的要求。

为什么这样说呢？因为孩子有很强的模仿能力，他们长期生活在父母的身边，就会自觉不自觉地模仿父母的一言一行，尤其母亲对孩子早期的影响更大。所以，女性要想教育出优秀的孩子，自己应当首先端正和净化自身的精神境界。

要想让孩子讲文明礼貌，母亲就不可口出污言秽语和举止粗俗；要让孩子爱学习好读书，母亲就不能不看书读报，更不能在麻将和扑克桌上通宵达旦；要想让孩子身心健康成长，母亲首先要从自我做起，自尊、自重、自爱，并也要在"德、智、体、美、劳"等方面不断完善自己，不断提高自己为人父母的本领和素质，要有远见、识时务、严于律己、身体力行，努力使自己处处成为孩子的榜样。

除了榜样的作用，提高母亲的自身素质还有一个重要的作用，即提高家庭教育的质量。家庭教育是孩子的启蒙教育，家庭教育的成功与否直接影响孩子的成长。高素质的母亲懂得儿童身心发展的规律，掌握相应的教育方法，能随时观察孩子身心发展和变化的情况，及时给予适当的关心、辅导，帮助孩子渡过一个个难关，顺利成长。

母爱很普通，每个人都感受过母爱；母爱很崇高，它是母亲心血和生命的精华；母爱很复杂，汇集着天性、本能、意识、希望、行动；母爱很见效，成也母爱败也母爱。为了使我们的孩子获得更多的成功，作为新时期的现代女性要树立科学的母爱观念，学习科学的母爱知识，给予孩子科学的母爱，这样才能培养出国家需要的栋梁之材。

贴心小提示

当了母亲的女性应该明白，真正的母爱是放下自己去爱孩子。

首先，你要保证给孩子无条件的爱。今天你爱他，不在乎明天他学习好不好。现在你爱他，不在乎未来有什么回报。

其次，要明白你的孩子是一个独立的生命，他应该是他自己。当一个独立的生命在生长的时候，妈妈会在旁边欣赏他、观察他，但是并不参与其中，不要让他按照妈妈的意志去改变。

如果你能够做到这两个方面，那么，你就已经是个了不起的妈妈了！

将不听话的孩子正确引入轨道

每个父母可能都深有体会，当孩子长到一定的年龄之后，稍不如意就大发脾气，父母经常被孩子折腾得头昏脑涨，束手无策。于是，这些不听话的孩子，就成了父母共同的心病。

孩子不听话的表现很多，轻的表现为孩子对父母的管教不闻不理，重的表现为和父母顶嘴，严重的可能会直接发生激烈冲突。

造成孩子不听话的原因有很多，但其中最重要的是教育方法有问题。许多家长没有掌握好教育子女的度，要么松，要么严。松，导致放任自流，到后来管也管不了；严，则又打又骂，直接伤害孩子心灵。由此可见，孩子不听话，不服管教，大多是由父母导致的。为此，身为母亲的女性，应该掌握一定的引导方法，并善于将不听话的孩子正确地引入轨道。

一、了解不听话孩子的表现

孩子的行为习惯和语言显然来自家人的言传身教。家有孩子不听话，父母要先检讨自己的教育方式和日常行为，及时纠正，这样才能把孩子引入一个正确的成长轨道。下列是孩子常见的一些不听话行为的表现。

（1）顶嘴

不少家长发现，当孩子长到两三岁时，经常会蹦出几句惹人捧腹的话。可当自己为此兴奋不已时，很快却会发现，越来越多的时候，自己让孩子去做什么事，他顺口就说出一个字"不"，也就是说，孩子开始学会顶嘴了。

孩子爱顶嘴，常被父母看作不听话的表现。其实，有时候顶嘴是孩子独立思想和特别个性的表达。为此，作为母亲，应当分清孩子在什么时候才是真的顶嘴，什么时候是个性自我的表达。

（2）无理取闹

当孩子从不懂事的宝宝逐渐长大，他自己开始有了"主见"，当父母逐渐减少和他们身体上的接触时，他们会以无理取闹等方式引起家人注意。孩子无理取闹，是让父母很头痛的一种不听话行为。但是有时候，无理取闹也是孩子与众不同或者创造力的表达。

因此，面对孩子的"无理取闹"，母亲一定要有耐心和爱心，不能一概抹杀，有时还应适当鼓励孩子"无理取闹"。

（3）贪玩

每个孩子都喜欢玩。玩，是孩子的天性。不过，很多孩子玩得过分，玩得沉迷，这就有害而无益了。贪玩是需要父母慎重对待的孩子的"不听话"行为之一。孩子贪玩，是最不听话的行为，会引起孩子一系列的其他问题。管住了孩子贪玩，就等于堵住了孩子其他问题的根源。

（4）不服管

孩子不服管教是一种很不好的行为，不仅仅是向父母挑战，更会激化矛盾，造成家庭不和。但很多时候，"不服管教"只是父母眼里单方面的定义，之所以把孩子看作"不服管教"是因为孩子屡屡忤逆大人的意愿，而大人却往往忽视了孩子真正的需要或心声。

因此，面对不服管教的孩子，作为母亲，一定要科学处理。

二、改变不听话孩子的方法

作为父母，总希望孩子能够听自己的话，但这样做往往容易造成孩子在性格上的依赖，对任何事情都不去思考，没有判断力，对孩子的成长不利。

其实，每个人都有自己的思想，大人如此，小孩也一样。当父母对孩子发出指令时，如果孩子认为大人的指令不正确，或不一定正确，或不明确时，便有可能不执行，这也就出现了孩子不听话的现象。

那么，作为孩子的家长，该怎样帮助孩子健康成长呢？从儿童心理学角度来讲，孩子太听话或者太叛逆，都是不正常的。所以说，孩子的培养，关键在于把握一个"度"，为此，建议母亲们从以下细节着手。

（1）要尊重孩子

把孩子看作独特的个体，不要把孩子看作控制的对象，允许孩子在探索的过程中犯错，帮助孩子矫正错误，这样孩子自然就会与你合作。

孩子情感和行为的独立是孩子长大、成熟的标志，并不意味着孩子与你作对，不听你的话。

（2）要给予孩子自由

允许孩子有自己的选择，锻炼孩子自主选择的能力，不要从小就要求孩子长大后实现大人未完成的心愿，这其实是一件很残酷的事。

要允许孩子与成人有不同的意见，允许孩子与自己争论。让孩子参与家庭或学校里重大事情的决策，这是对孩子价值的认可，孩子会觉得母亲尊重他，那么，他也会重视母亲的建议，久而久之，孩子就会凡事与你沟通，充分与你合作。

（3）要相信孩子

母亲应该相信孩子能处理好自己的事情，如果你经常说："你能行，我相信你的能力。"无疑会鼓励孩子去尝试，但在尝试的过程中，母亲要给孩子提出合理的建议并加以指导，孩子会很重视你的建议，合作关系自然形成。

（4）要培养孩子的自控力

要让孩子学会控制自己的行为。母亲要帮助孩子建立"是非"观念，让孩子明白什么是可以做的、什么是不可以做的，在孩子脑子里逐渐建立判断标准，孩子按照这个标准，才能认识到自己的行为是否正确，才能学会控制自我。

总之，孩子无论出于什么原因不听话，作为母亲都要牢记，我们的目的是帮助孩子认识到自己的错误，从而改正错误，而不是施展我们的权威，让孩子必须听我们的。弄明白孩子不听话的原因，从原因上找对策，找出有针对性的解决方法，从而制订出科学合理的纠正方案，最终往往能收到事半功倍的教育效果。

贴心小提示

每个孩子都有自己不同的气质和个性，与生性活泼、叛逆的孩子不同，有的孩子天生就文静、听话、乖巧。作为这类孩子的母亲，你如果不注意，可能会使他们太内向、太顺从、太娇气，缺乏独立意识和探索能力。

那么，作为这类孩子的家长，你该怎样帮助孩子健康成长呢？

首先，要允许个性存在，不要强求改变他。特别是在孩子刚开始学习生活本领时，确实需要大人的照顾和帮助，你一定要及时帮他解决问题，不能为了锻炼孩子，而不顾及他现有能力而让他自己去做，长此以往会使孩子形成焦虑型人格。

其次，随着孩子年龄的增长，你可以有意识地通过环境影响孩子，使之成为一个既听话又讲道理、既文静又活泼、既乖巧又独立的孩子。

不过，这种理想的状态需要长时间的培养，你不能太着急，太过着急也达不到好的效果。

调皮是孩子的天性

调皮是指孩子在集体生活中精力旺盛、活动量大、注意力分散、自制力差、喜欢恶作剧，常有攻击性和破坏性行为。

孩子的调皮常常会让大人们头疼不已。其实调皮是孩子的天性，贵在教育与引导。著名作家冰心曾说过："淘气的男孩是好的，调皮的女孩是巧的。"她满怀着对孩子们的爱，寄语少儿的父母和教师要正确看待"淘气"和"调皮"。作为母亲，我们应该认真地对待孩子的调皮。

一、了解孩子调皮的原因

调皮是孩子的天性，一般说来，孩子调皮有家庭的教育和自身的原因。

（1）家庭教育不当

通常我们家长教养孩子的方式有四种类型：权威型、专断型、放纵型、忽视型。其中，造成孩子调皮的较重要的因素有以下几种：

第一，专断型的教养方式。持这种态度的家长往往把孩子看成自己的私有财产，常常要求孩子无条件地遵循有关规则，不给孩子发表自己看法的机会，对孩子违反规则的行为表示愤怒，甚至采取严厉的惩罚措施。生活在这种"暴君式"环境下的孩子，其心理变得压抑，产生怨气，到了学校，其他孩子往往就成了他们的"出气筒"，在学校的表现就非常调皮。

第二，放纵型的教养方式。持这种态度的家长往往把孩子看成光宗耀祖的希望。他们无原则地满足孩子的各种要求，对孩子的不良行为也不加以控制和纠正，让孩子为所欲为。这样的孩子在幼儿园常表现出较强的冲动性和攻击性，而且缺乏责任感，不太顺从，行为也缺乏自制。

第三，忽视型的教养方式。持这种教养态度的家长，对孩子既缺乏爱的情感，又缺少行为的要求和控制。孩子的行为得不到及时的反馈，这就造成了孩子不知是非和正误的毛病。

（2）自身条件影响

孩子的生长发育需要"调皮"。学龄前儿童生长发育很快，生长需要运动，运动帮助生长。孩子的很多调皮现象，都是这种帮助生长的运动的外部表现。从这个意义上讲，"调皮"就成了孩子的天性，孩子需要运动，又缺乏经验，这一矛盾就成了孩子"调皮"的本质。

二、教育调皮孩子的方法

"调皮"是一些孩子气质类型的外部表现。气质是表现在人的情感认识活动和语言行动中的比较稳定的动力特征。常见的气质类型有胆汁质、多血质、黏液质、抑郁质四种。不同的气质类型在心理上有不同的表现，这四种气质类型中，胆汁质兴奋性较强，多血质灵活性较强，属这两种气质的幼儿可能就成了天生的"调皮儿童"。作为母亲，应该了解孩子调皮是可爱的表现，正确地引导他们，使其健康地成长。

（1）用欣赏的眼光看待

调皮的孩子是璞玉，父母雕琢他们的最好工具不是惩罚说教，而是学会倾听他们的声音。

每个孩子都渴望被尊重和赏识，调皮的孩子也一样。所以，家长需要学会用欣赏的眼光去看待调皮孩子，以便发现他们身上的优点和长处，只有充分了解他们，才有可能正确引导他们。

其实，有出息的孩子不是学出来的，而是"长"出来的。怎样"长"是个严肃的问题，家长的作用至关重要。

（2）给孩子多一些关爱

爱是幼儿心理健康发展的重要条件。实践证明，被成人厌弃的幼儿，常自暴自弃，形成自卑或逆反心理。比如，有些调皮孩子，他们喜欢捣乱，活动时常打打闹闹，这往往是由于我们对他们的爱及关注不够，他们中有的想通过捣乱、打架来引起我们的关注，获得我们的爱。因此，对于调皮儿童，家长不应该吝啬自己的语言和表情，而要通过多种形式，向他们表示我们的爱。即使只是一个会心的微笑、一句关心的话语、几下亲切的抚摸，都会使他们认识到"父母还是爱我的，我应该听他们的话"。

尽管孩子年幼，但他们的自尊心很强，尤其是调皮儿童，我们要坚持用一分为二的观点去看待他们，尽量找出其闪光点以鼓励他们进步。

（3）注重人性化的教育

大人和孩子的观点难免不同，家长应该换位思考，多站在孩子的角度想一想。当孩子犯错时，只有让他真真切切感到很难过、明白这样的做法是错误的，才能达到教育的效果。家长要与孩子多沟通、多交流，千万不要采用简单粗暴的方法去打压、管教孩子。

没有一个孩子是不调皮捣蛋的，但不能将此直接视为孩子的缺点，因为孩子的顽皮之中往往蕴含着创造，它是孩子智慧发展的原始动力。如果每一位家长都能正确地对待孩子的顽皮行为，进行科学引导，那么，在孩子成长的道路上，从顽皮之中激活和培养孩子的智慧，可能是孩子成才之路上的第一桶金。

贴心小提示

孩子调皮可以说是一种天性，它并不是一件坏事，只要你能很好地去教育，去引导他，就一定能够取得好的效果，不过，你在教育批评他的时候，要记住几个原则：

一是批评孩子最好控制在一分钟以内，前30秒让孩子感到痛苦，后30秒应该抱着孩子告诉他你批评他的原因，告诉他你还是很爱他。

二是当你确实忍受不了孩子的行为时，应该马上采取行动，不要日后算旧账，也不要把这事告知不在场的人，一定要给孩子留面子。

三是如果在公共场所教育孩子，一定要控制音量，最好拉到一边，千万不要引起围观，不然孩子的情绪会很复杂。

四是批评教育孩子要有技巧，不能随便打骂，一定要避免打伤孩子，要不这事就成了永远好不了的伤口了。

五是千万不能把打孩子当作你发泄情绪的途径，如果越打越生气，你一定是上了情绪的当，因为那样是教育不好孩子的。

不要让孩子贪玩过度

爱玩是孩子的天性，换句话说，没有不贪玩的孩子。不过，任何事情都要讲究一个度，超过了度就不好了。孩子贪玩也一样，如果玩得过分，玩得沉迷，这就有害而无益了。我国古代有句话"玩物丧志"就是这个意思。为此，作为母亲，绝对不能让孩子贪玩过度。

一、了解孩子贪玩的原因

儿童天性好动，大部分健康的孩子都存在贪玩的毛病。对孩子的贪玩，家长不要过分心急，当孩子贪玩影响了正常学习及生活时，做家长的则需要进行干预。研究认为，引起孩子贪玩的因素有如下几个方面。

（1）儿童多动症

这种孩子表现为整天动个不停，但兴趣爱好不持久，注意力集中时间不长久，行动没有计划性和目的性，做事有头无尾，不能有效地约束和控制自己。

（2）教育不当

家长由于工作、生活等原因，平时对孩子教育不够，孩子整日和其他孩子一起玩耍，无人加以约束和引导，使得孩子沉溺于玩耍。学龄儿童贪玩则有多种原因，例如有的孩子缺乏学习兴趣，也有的因视力或听力等问题，因为看不清、听不懂导致上课做小动作和调皮捣蛋等，这些也往往被教师及家长认为他们是贪玩。

（3）饮食因素

研究发现，儿童饮食与行为之间也存在着一定的关系。有的孩子身上似乎有使不完的劲儿，这可能与孩子平时多食鱼、肉、蛋等高脂肪、高蛋白饮食有关。另外，常喝含兴奋性成分的饮料以及多吃人工合成色素类食物及挑食、偏食引起缺铁性贫血等也会引起儿童爱玩。

二、改变贪玩孩子的方法

孩子爱玩并不是坏事，因为在玩中同样能学习知识，增长才干。因此，我们对孩子的玩不应该一律加以强硬的干涉，而应该区别对待，正确引导，并根据孩子贪玩的原因，对症下药。

（1）培养学习的兴趣

学习兴趣是促使孩子自觉学习的原动力，兴趣是最好的老师。如果孩子对学习产生浓厚的兴趣，那么他们自然就不会把学习当成苦差事。

我们经常看到，有的孩子对电脑很有兴趣，他就愿意自觉主动地看许多计算机方面的书籍，贪玩的习性就会有很大的改善。因此，我们应不时地寻找孩子的兴趣所在，并加以引导和培养，促进孩子的健康成才。

（2）科学严格的教育

学会引导，严格教育，注重实效。通俗地讲，就是"软硬兼施"，重在激励，"软"就是启发、激励孩子，"硬"就是严格教育。严格教育不是教条主义，不是管死，而是对正确的、孩子愿意做的事情，要抓紧、不放松、不打折、不妥协，抓出实效。

正确的、孩子愿意做的事情，家庭应该进行严格管教，这会形成良好的亲子关系，而溺爱孩子、放任不管才是造成亲子关系不好的重要原因。

（3）对潜能的挖掘培养

挖掘潜能培养某一方面的兴趣，这对贪玩孩子的转变是很重要的。让孩子逐步学会发现和发展自己的特长和优势，孩子的知识、能力、情感、意志等某个方面的长处得到展示，受到肯定，对孩子来说，都是他成长中的一个重要突破性发展。

每个孩子都是有特长、有天赋、有潜能的，我们只要留心，总会找到自己孩子的天赋和特长，只要加以引导和鼓励，孩子就会兴趣大增，从而转移注意力，把玩放到次要地位。

（4）让孩子感受成功

很多孩子不爱学习的原因，多是由于学习总是失败，考试成绩总是不如人。因此，我们要从孩子的实际出发，恰当地为孩子确定学习目标，并给以切实有效的帮助，这样孩子就能通过努力达到他能够实现的目标，获得成功的体验。成功的体验会激励孩子继续努力，使他不断进步。

（5）交爱学习的伙伴

同龄人之间的影响也是极为重要的。大部分的孩子模仿性极强，只要有一个好的榜样在身边，孩子就会产生希望变好的内在动力，逐渐喜欢学习。这种同伴的力量比父母的说教、打骂更有效。

另外，母亲应该明白，自己的言行是孩子最好的榜样。要使孩子不贪玩，首先我们自己必须爱读书，为孩子努力营造一个良好的学习氛围。如果我们成天玩麻将、看电视、跳舞、应酬，那么要想孩子"出污泥而不染"是绝对不可能的！

贴心小提示

孩子贪玩总会惹出一些麻烦，其实，这是孩子还没有规则意识，或者还不会"沿着道走路"。为此，你不妨参考以下方法。

在孩子遇到困难或者问题时，要运用头脑风暴的方法，鼓励孩子寻找各种可能的解决问题的办法，并且在确定所有的方法被找出之前，不得对任何人的方法进行批评。

这种思考方法有利于发展出解决问题的技巧。如果你认为这种创造性的构想可行，则在所有的方法确定出来后，引导孩子评估每一个方法的优点和缺点，并对每一个方法进行总结。

你可以询问孩子"你认为哪一个方法则你最有效"，让孩子自己做决定。除非情况相当急迫，否则行动的选择权应由孩子掌握，因为行为的当事人必须对其行为的后果负责任。行动方法确定后，你应鼓励孩子："你愿意在这个星期中进行这个计划吗？"无论如何，寻求解决办法所要求的是对行动的肯定承诺。

在商量解决问题的时间之前，你可以与孩子讨论计划实行的情况。如果孩子的计划没有成效，你也不要提供自己的建议，而是应该尊重孩子的选择，是否继续进行计划、改变计划或选择其他方案。如果在限定的时间内，孩子不与你讨论计划的实施情况，你可以晚些时候询问计划进展的情形："你愿意谈谈这件事吗？"

以此，让孩子根据自己的意向，来实践自己的计划，并解决问题，最终让孩子养成规范的意识。

正确对待孩子的学习问题

每个父母都希望自己的孩子成才,都尽其所能地教育自己的孩子,然而为什么有的孩子能出类拔萃,而有的孩子却非常平庸?同样是孩子,差别为什么如此之大?

许多事实证明,凡在学习上确有成就的学生和他们良好的学习习惯是紧密相连的。所以,作为母亲,在孩子学习中指导的重点应是从小培养孩子养成良好的学习习惯,这将会使孩子终身受益。

一、了解孩子不爱学习的原因

有不少孩子有厌学情绪,甚至有的优等生也不例外。求知是孩子认识世界的基本途径,而追求快乐又是孩子的天性。若孩子因求知而被剥夺快乐,在痛苦的状态下学习,就会产生厌学情绪。要改变孩子的厌学情绪,首先要弄清产生厌学情绪的原因,然后才能对症下药,让孩子快乐学习。孩子产生厌学情绪的原因主要有:

(1)期望过高

父母的期望过高,会使孩子心理压力大大增加,不自觉地把学习与痛苦体验联系起来。

(2)缺乏自觉

父母陪读,使孩子缺乏学习自觉性。这会使孩子难以领悟学习的过程,难以独立地解决遇到的问题,体验不到独立解决问题后成功的快乐。

(3)认识偏差

家长对孩子学习的目的定向有偏差,将学习知识的目的定在将来而不是今天。

比如，家长常对孩子说："你不好好学习，将来就找不到工作。"这样，孩子就体验不到获取知识本身的快乐，而只注重别人对自己的评价。对知识本身不感兴趣，自然将学习看作苦差。

（4）不会学习

孩子往往学习时不集中注意力，不能把新旧知识联系起来进行学习；不能选择重要内容而抛开不重要的内容；无法将学到的知识正确、合理地表达出来。这样，面对日益繁重的课业内容，自然产生厌学情绪。

二、培养孩子学习的兴趣

面对孩子的厌学情绪，作为母亲，该如何增强孩子的学习兴趣，培养孩子良好的学习习惯呢？心理学认为，可以从以下几个方面入手。

（1）正确看待孩子的学习焦点

父母常把学习焦点放在孩子的学习成绩上，如考试考了多少分？班上排名多少？如此一来，就是教导孩子，你所有的学习，都是为了取得这些外在的肯定。如果父母能教孩子，把学习焦点放在学习的成就感上，感觉就会截然不同了。其中的差别，在于不把孩子跟别人比，孩子只该跟自己比较，多学了一些知识，自己就有所进步，当然高兴。

如此一来，孩子可以从获得知识当中得到很大的满足和成就。这么做，就会培养出热爱学习的孩子。为此，培养孩子发自内心的学习热忱，孩子才能乐于学习而发挥潜力，达到他真正应有的学习水平。

（2）培养多元化的教育价值观

孩子的学习动机被扼杀的原因之一，是父母认为，在学校考试成绩良好，才是未来有出息的保证。因此对孩子的学习成绩过分在意，而造成孩子压力过大。

美国哈佛大学的心理学教授加德纳博士早在1983年就提出了"多元智力因素理论",主张判断一个孩子是否聪明,应从八大能力来做分析。

其中的前三项是传统智力因素:一是数学逻辑能力;二是语文能力;三是空间能力。另外,这个划时代的创新理论,还加了五项新的能力指标,来判断一个孩子是否聪明,即体能、音乐能力、了解自己的能力、了解别人的能力、理解自然环境的能力。

这一提倡"多元化价值观"的教育理论,影响了世界各地的教育体系。一个体能很好的孩子,在校的数学成绩若不如其他孩子,以传统的眼光来看,就不是个聪明的孩子。然而按照这个"多元智力因素理论",拥有极佳的体育素质也是一大能力,这个孩子绝对值得父母好好栽培。

所以,如果父母能用多元价值的眼光来看待孩子的学习能力和成果,就会发觉,其实每个小孩都有他的闪光点,父母的职责是去发现这些闪光点,让它们熠熠生辉。

(3) 培养孩子的学习弹性

要让孩子永葆学习的热忱,除了让孩子真心喜欢上学习之外,还有一个很重要的能力需要培养,就是"学习弹性"。

所谓的"学习弹性"指的是,一个人处理压力、面对挫折和接受挑战的能力。具有学习弹性的孩子,能有效地处理学习挫折、不良成绩、负面评价以及学习压力。

贴心小提示

在帮助孩子爱上学习的同时,你还应该做好以下细节。

1. 要诚心

每一个孩子都有自尊心,都想得到尊重和认可。所以我们在和孩子的相处过程中，要真诚地和孩子交心，得到孩子的认可，得到孩子的信任，探到孩子内心深处。尽量全面了解孩子，假如最了解孩子的不是你，那你就不是称职的妈妈。

2. 要细心

倾听孩子的每一句话，捕捉孩子的每一个动作，发现孩子的每一个动向。并且和孩子相处时，要注意自己的言行，身教与言传并重。

3. 要严格

为孩子定下的制度、计划要不折不扣地完成。允许孩子犯错误，但不允许经常犯同样的错误。一旦出现这种情况，不能心慈手软。

4. 要耐心

小孩子玩性大，自制力差，易反复。教育孩子不是我们一朝一夕能够完成的，所以我们一定要有耐心，静下心来坚持不懈，打持久战。

5. 要全心

作为家长，奋斗一生大部分都是为了孩子，因此，为了孩子的将来，我们要尽可能地多在孩子身上下点功夫。只要全身心地投入到孩子身上，少些应酬，少打麻将，少上会儿网，多留点时间给孩子，你就会成功的。

建立融洽的婆媳关系

婆媳是丈夫的母亲与丈夫的妻子两者的总称，是一种人类常见的伦理道德关系。俗话说"丈母娘看女婿，越看越欢喜；老婆婆看儿媳，越看越生气"。在我国，婆媳关系自古以来就很复杂。随着新时代的到来，女人的地位不断升高，婆媳之间的矛盾也在升级。

在一个家庭中，婆媳之间处好了就是母女的感情，由此家庭就和睦，就会充满欢乐幸福的气氛；而婆媳关系处理不好，则会造成家庭关系紧张，情绪低落，破坏家庭的幸福，甚至影响夫妻之间的感情。所以，作为女性要认识到婆媳关系的重要，并善于建立融洽的婆媳关系。

一、了解婆媳关系的心理类型

婆媳关系可以说是我国家庭内部人际关系中的一个传统难题。在漫长的封建社会中，婆媳关系是一种不平等的人际关系，媳妇必须俯首听命于婆母，没有独立、平等的人格尊严。"洞房昨夜停红烛，待晓堂前拜舅姑"，是旧社会做媳妇艰难的生动写照。同时，"多年的媳妇熬成婆"，从而形成了一种妇女压迫妇女的恶性循环。

今天，这种妇女压迫妇女的不良传统已被广大的新一代女性所摒弃了。现代家庭中媳妇有独立的地位，婆媳关系已基本成了一种平等的人际关系；但是同时我们也应看到，即使在今天，相处融洽的婆媳关系也并不十分普遍。

从婆媳关系的实际状况来看，主要有三种典型的心理类型。婆媳关系的心理类型不同，其心理效应也不同。

（1）心理融洽型

婆媳思想感情一致，对社会与家庭的一些重大问题的思想观念一致。建立与发展团结、民主、幸福的家庭是家庭生活的共同意向。婆婆对媳妇像对自己的亲女儿一样心疼、关怀与爱护，媳妇对婆婆像对自己的亲妈妈一样尊重与孝顺。

婆媳思想健康、情感融洽、行为协调，婆媳风雨同舟、同心同德。在婆媳一方工作或生活出现困难与挫折时，相互帮助，相互鼓励。婆媳心理相容，使家庭充满了和睦与幸福、生气勃勃与健康向上的气氛，婆媳关系心理相容还能促进夫妻感情的巩固与发展。

（2）心理距离型

婆媳对社会的大目标与家庭目标认识基本一致。婆媳都有建立和睦家庭的愿望。婆婆对媳妇有一定的疼爱与关心，但程度不如对亲生女儿那样。媳妇对婆婆也有一定的尊敬与孝顺，但程度不如对亲生母亲那样。

概括地说，婆媳关系大面上过得去，彼此不近不远，相互间有一定的距离。婆媳之间并非十分信任与融洽，彼此并非无话不说，说话方式与用词彼此都有考虑，她们有时会产生猜疑与摩擦，但事情过后一般不留下心理创伤，也较容易恢复关系。在一般情况下婆媳之间的感情还好，但还不是十分舒畅与满意。

（3）心理冲突型

婆婆看媳妇越看越不顺心，经常吹毛求疵，责训刁难。媳妇对婆婆经常顶撞，冷眼对待。她们经常因鸡毛蒜皮的小事而发生冲突，甚至大动干戈。

婆媳在心理上充满对立情绪，行动上相互干扰，彼此心情都很烦躁与苦恼。家庭充满不安与抑郁的气氛。婆媳冲突影响夫妻感情，甚至可能导致夫妻冲突或母子冲突。

二、认识婆媳关系冲突的原因

从婆媳心理关系中可以看到，心理距离型和心理冲突型的婆媳关系都会影响到家庭的幸福，那么，是什么原因造成了这些异常的婆媳关系呢？心理学认为，婆媳关系容易失调的主要原因有如下几方面。

（1）关系的特殊性

家庭的基本关系有两种：一是夫妻关系，一是亲子关系。两者构成了家庭结构的基础。其他关系，如兄弟姐妹关系、姑嫂关系以及婆媳关系、祖孙关系都是从此基础上派生出来的。婆媳关系在家庭人际关系中有其特殊性。它既不是婚姻关系，也无血缘联系，而是以以上两种关系为中介结成的特殊关系。因此，这种人际关系一无亲子关系所具有的稳定性，二无婚姻关系所具有的密切性，它是由亲子关系和夫妻关系的延伸而形成的。

如果处理得好，婆婆和媳妇各自"爱屋及乌"，即婆婆因爱儿子而爱媳妇，媳妇因爱丈夫而爱婆婆，各得其所，关系就会融洽。但是如果处理不好则婆媳之间会出现冲突。

（2）发生分歧

婆媳同在一个家庭中生活，有共同的归属，自然也就有共同的经济利益，双方也自然都希望家庭兴旺发达。这是婆媳利益一致的一面。但同时也常常在家庭事务管理权、支配权等方面发生分歧，出现矛盾。

我国家庭中有"男主外、女主内"的传统，婆婆做了几十年的内当家，现在把权力交给媳妇，媳妇在家庭事务中唱起了主角。对这种角色的转换，做婆婆的往往不易适应。有的婆婆虽已年过花甲，却仍希望继续保持在家庭中的经济支配权，或者难以接受完全由媳妇掌握家庭经济大权的事实；而做媳妇的也往往不甘让步，这就难免发生矛盾。即便是婆婆和媳妇共同持家，由于各自的地位不同，考虑问题的角度、需要不同，也容易产生分歧。

（3）彼此不能适应

婆媳原来各自生活在不同的家庭之中，各有自己的生活背景、生活习性，而现在婆媳在一起生活，这就有了一个逐步了解、相互适应的过程。如果适应不良，彼此不能接纳，便会关系紧张，矛盾丛生。

（4）中介力量失衡

在婆媳关系中，儿子起着十分重要的中介作用。儿子的这种中介作用如果发挥得好，则可以加强婆媳之间的情感联系；反之，则容易成为矛盾的焦点，出现"两面受敌"的困境。

但尽管母子情深，也难以避免结婚以后这种关系变得复杂的事实。因为夫妻之间毕竟在活动、打算、开支以及交往等方面有更多的共同点。在这些问题上，夫妻观点的一致性往往要超过母子观点的一致性。这是因为儿子和母亲相隔一代，在心理上存在着差异，这样就容易造成儿子中介作用的失衡。如果母亲不理解，就会产生"娶了媳妇忘了娘"的心态，误认为儿子对自己的感情被儿媳夺去了，而迁怒于儿媳。

三、搞好婆媳关系的方法

婆媳关系是一种影响家庭和睦的重要关系，它直接关系着我们的家庭生活幸福与否，为此，不管是作为婆婆还是作为媳妇的女性都应该互相注意，努力搞好正常的婆媳关系。

（1）共同树立信心

在我国古代，婆媳相处不理想的很多。现实生活中婆媳吵架也屡有发生。于是，一些妇女的头脑中产生了婆媳关系难以处好的观念。这种观念动摇了婆媳双方搞好关系的信心，有意或无意地使婆媳双方不能全力以赴地去搞好关系。有的女性认为婆媳本身就非常不容易相处，再怎么努力也是白费力气。

心理学研究认为，即将作为婆婆的女性不仅为儿子结婚而高兴，而且要做好心理准备，想想如何处理好婆媳关系，而且要有信心处理好，也应该处理好。退一步说，就是为了儿子也应处理好婆媳关系。

儿子从降生人间到结婚，母亲不知费了多少心血，但最终目的还是为了儿子健康成长，生活幸福。为此，作为婆婆，要明白，与自己的媳妇搞好关系，就是母亲为儿子的幸福做出的新贡献。

另外，即将做媳妇的女性也要做好相关的心理准备，下定决心搞好婆媳关系。因为尊重长者是我国社会主义公民应尽的义务，何况这位长者，又是自己心爱人的母亲，就是看在爱人的分上，女性也应该搞好婆媳关系。要知道，作为媳妇的女性，搞好婆媳关系，会为夫妻爱情的深化做出新的贡献。

（2）彼此平等相待

在我们的社会中，婆媳关系首先是一种同志关系，这种关系决定了婆媳之间是平等的。这与旧社会的婆媳关系是不同的。旧社会的婆媳关系以封建家长制为其社会基础，以"三纲五常""三从四德"为其伦理基础。从根本上说，婆婆在家庭中对媳妇来讲是处于主导地位的，媳妇在家庭中对婆婆来讲是处于从属地位的。

但新社会的婆媳间是一种同志式的关系。为此，婆媳之间应该平等相待，互相尊重对方的人格，互相爱护，互相关心，有事共同商量，遇到矛盾各自多做自我批评，婆媳友好和睦相处并不难。

（3）相互尊重谅解

对任何媳妇来说，尊重婆婆都是媳妇应尽的义务。婆婆是长者又是同志，理应尊敬。婆婆过去为自己丈夫的成长操尽心，现在又为家庭生活与教育孙子孙女辛勤劳动，媳妇要对婆婆怀有感恩之心。

作为媳妇，尊敬婆婆应该表现在各个方面，家里有事要与婆婆商量，主动征求婆婆意见，不能事事自己做主，甚至独断专行。即使婆婆有的看法与意见不正确或不合自己的心意，也不要打断她的话，耐心听完，平心静气地做解释，使婆婆体会到媳妇讲话合情合理。媳妇下班后要主动做家务活，把家务活接过来，请婆婆休息。在生活上要多照顾婆婆，平时做些婆婆喜欢的饭菜，使婆婆感到媳妇心目中有婆婆。婆婆生病更要多加体贴和安慰。

同时，作为婆婆的要像爱护自己的亲生女儿一样对待媳妇。对媳妇的指点要循循善诱，不要盛气凌人。作为长者要有长者气度，心胸开阔，不要在细枝末节上苛求媳妇。要关心媳妇的工作与学习，使媳妇产生温暖感。

（4）避免矛盾争吵

当婆媳之间出现了分歧，产生矛盾时，双方一定要保持冷静。即使一方发脾气，另一方也应克制自己的情绪，等对方情绪平静之后再商讨如何处理存在的问题。

心理学告诉我们，消极而强烈的情绪容易使人失去理性，导致冲突升级；争吵还具有"惯性"，即一旦因一点小事"开战"，日后往往有事便吵，久而久之，成见会越来越大。因此，当一方情绪反应激烈时，另一方应保持冷静与沉默，或者寻机走脱、回避等事态平息后再交换意见，处理问题。

此外，婆媳双方平日有了意见，切忌向邻居、同事或朋友乱讲。我国民间有这样一句俗语："捐东西越捐越少，捎话越捎越多。"说的就是"传话"在人际关系中的不良作用。婆媳失和，向亲朋邻里诉说，传来传去，面目全非，只会加剧矛盾。作为婆媳的女性，应引以为训。

贴心小提示

对很多现代女性来说，做别人的儿媳是一件非常困难的事，为此，以下给出一些和自己的婆婆愉快相处的建议。

一是同样的话，丈夫说比自己说效果要好。如求婆婆帮助做些事情，丈夫去和婆婆说要比自己说的效果好。

二是在婆婆家里，千万不要指使自己的丈夫干这干那，尤其端茶倒水之类的活。

三是不要和婆婆说丈夫的缺点、坏毛病，那样对"改造"你的丈夫没有任何帮助，还会引起婆婆的反感。

四是在婆婆面前，多说丈夫的优点，让婆婆感觉她培养了一个优秀的儿子。这是任何一个母亲都高兴的事情，她高兴有利于婆媳关系的融洽。

五是在婆婆家要表现出对丈夫体贴、关爱，让婆婆放心地把她的儿子交到你手里。

六是要学会装糊涂。过日子，没有舌头不碰牙的。婆媳之间有些事情过去了就算了，不要总翻旧账。每个人心里都有杆秤，只要丈夫心里明白就可以，毕竟是你和他过日子。

七是在一些节日、婆婆的生日，想着给婆婆买些小礼物，并亲自交到她的手里，让老人家开心。

总之，俗话说："不是一家人，不进一家门。"既然是一家人，还有什么结解不开呢？希望你能够让"婆媳大战"从此"偃旗息鼓"，婆媳能够冰释前嫌、和谐共处！

正确对待洁癖问题

洁癖就是太爱干净，是一种超出正常卫生概念的病态心理。一个人爱干净是好事，但过于注重清洁以至于影响了正常的学习、工作和生活，以及人际交往，就属于洁癖。洁癖有轻重之分。较轻的洁癖仅仅是一种不良习惯，较严重的洁癖则属于心理疾病。

一般说来，女性相对男性而言更容易患强迫洁癖心理，患有这种心理的女性表现为：主观上感到有某种不可抗拒的、强迫无奈的观念、情绪、意向或行为，她们能够意识到这些都是不应该出现或毫无意义的，但是又从内心涌现出强烈的焦虑和恐惧，非要采取某些行为来安慰自己。为此，女性应该正确对待这类心理疾病，并进行适当的调整。

一、了解产生洁癖的原因

洁癖心理很大一部分来自遗传，有这样心理的女性中有七成具有强迫性人格，这是洁癖的内在心理基础。另外，还有一些其他心理、性格等因素。

（1）心理因素

据研究，大部分有洁癖的女性能指出在自己的洁癖症状加剧前所发生的突发事件，如家庭的搬迁、亲人的亡故、父母或自己的离异、夫妻生活不协调等。由于上述原因引起的心理紧张、情绪波动都可成为诱发强迫症的原因。

（2）性格因素

性格特点也起着重要的作用。据研究，大部分有洁癖者都有特殊的性格特征：非常爱干净、爱整洁，办事认真、严肃，时间观念较强，遵守纪律和制度，生活习惯较刻板，遇事过于谨慎、优柔寡断，不少人还很迷信。这种性格的人在过分强大的压力下还容易引发神经症。

（3）社会因素

外在的社会心理因素也不可忽视。有些女性在强迫性人格的基础上，逐渐出现洁癖的症状，特别是当进入青少年时期，生理发育上的明显变化，与社会交往日益密切过程中的不适应，均可导致症状的出现和加重。

还有一些女性是在外界的不良刺激下诱发洁癖，包括长期的精神紧张，如工作和生活环境的变换加重了责任，工作过分紧张，要求过分严格，或者处境不顺利，常担心发生意外等；此外，还有严重的精神创伤，如近亲死亡、突然惊吓、严重的意外事故、濒于灾难性的破产等。

（4）家庭教育

家庭教育对诱发或加重女性洁癖有着重要影响。有些患病女性的父母具有强迫性人格，对她们有潜移默化的影响，女性所受的家庭教育较严格、古板，甚至有些冷酷，于是她们谨小慎微、优柔寡断、过分琐碎细致，与人交往中过分古板、固执，缺乏人情味及灵活性。

在生活上，她们也过分强求有规律的作息制度和卫生习惯，一切务求井井有条，稍一改变就焦虑不安。有的家长对孩子的卫生要求过高过严，逼着孩子反复洗手。

这种强烈的暗示作用，对那些具有神经质倾向、敏感内向的孩子影响更大。

二、病态洁癖的心理疗法

女性的病态洁癖心理多以心理治疗为主，辅之以药物治疗，具体可采用以下方法。

（1）认知疗法

认知疗法的关键在于教育纠正，从以下几个方面出发。

第一，找出女性洁癖的原因，用科学知识消除误解。

第二，让具有洁癖心理的女性改变思维方式，做事要有计划，先做主要的事情。

（2）领悟疗法

一般而言，具有洁癖心理的女性对自己的强迫洁癖尤其是强迫动作，一方面，感到麻烦，希望能被人解除其理性上认为不合理的观念和行为；另一方面，内心又认为这些观念和行为有其合理性和必要性。

前者的病态表现，认为反复洗手、洗衣，费时费力，希望摆脱；后者的病态表现，则认为有传染上疾病的可能，有必要多洗几次。

其实，这种态度与其实际年龄及所受的教育很不相称。前者代表理性的成年人；后者不讲逻辑，一味盲目恐惧，具有幼稚的儿童心理特点。

这两者各执己见，谁也统率不了谁。但患病女性对这个病理本质特点并无自知之明。为此，可采用谈话方式的认知领悟心理疗法，启发患病女性认识外表症状后面的心理矛盾。揭露儿童心理部分的幼稚性，鼓励她用成人的态度来统率其整个行动，放弃儿童的行为模式，领悟到病理本质后是可以治愈的。

贴心小提示

对于有洁癖心理的女性来说，你除了可以通过以上的心理疗法治疗自己的这种心理疾病，还可以用以下两种方法进行治疗。

1. 厌恶疗法

具体做法是把橡皮圈戴在自己的手腕上，一旦自己即将出现过度洁癖动作或行为时，便用橡皮圈弹自己的手腕数十乃至数百下，一直弹到这种想法消失，有疼痛感为止，从而达到抑制洁癖行为的目的。

2. 满灌疗法

选择适当的时间，你独自坐于房间内，全身放松，轻闭双眼，然后请你的好友或亲属当助手，悄悄在你的手上涂各种液体，如清水、墨水、米汤、油、染料等。在涂时，你应尽量放松，而助手则尽量用言语形容手已很脏了，但你仍要尽量忍耐，直至不能忍耐时睁开眼睛看到底有多脏。

助手在涂液体时应随机使用透明液体和不透明液体，随机使用清水和其他液体。这样，当你一睁开眼时，会出现手并不脏，起码没有想象的那么脏的想法，这对自己的思想是一个冲击，说明"脏"往往更多来自自己的意念，与实际情况并不相符。

当你发现手确实很脏时，洗手的冲动会大大增强，这时候，治疗助手一定要禁止你洗手，这是治疗的关键。于是，你会感到无比的痛苦，但要努力坚持住，助手在一旁应积极给予鼓励。

照这个方法，每天在你空闲的时候做一次，时间为一个小时，当你渐渐适应自己的心理时，你的洁癖也就随之消失了。

第五章　生活习惯的心理认知

　　良好的生活习惯是一个女人积极心理的表现，也是从容与优雅的展示。它不仅体现了一个人的修养，也直接关系到人的健康。

　　生活习惯代表着个人的生活方式，而习惯的力量是惊人的。习惯能使你走向成功，也能将你导向失败。如何选择，完全取决于自己。所以我们女人要善于把握良好的心理，培养良好的习惯，如此才能有美好的生活。

化妆成瘾是一种心理偏差

　　凡事上瘾就会变成一种嗜好，嗜好过度就会产生一种心理弊病。我们经常可以看到一些头发一丝不乱、肌肤吹弹可破、戴着一张精致"面具"的女性，我们不得不惊叹于她们的精致与美丽。但凡事过犹不及，如果每天出门前，都花大把时间从头到脚地打扮一番，并不惜耽误时间或迟到，甚至不化妆就不肯出门，这就会因化妆成瘾而带来许多弊端。

　　心理学认为，从表面上看，这些女士是对化妆上瘾，对自己的形象要求高，实际是因为她们的心理出现了偏差，具有完美主义倾向，而"化妆成瘾"只是这种心理的一个外在表现。为此，女性需要正视自己的化妆问题，由此而消除因化妆成瘾而带来的负面问题。

　　一、了解化妆成瘾的原因

　　日常生活中，有些女性化妆成瘾，每次出门都要化妆，否则就不敢出门。如果没化妆被家人强行拉出门，她就会感到自己很丑，没脸见人，认为别人看她的目光都是厌恶的。

　　这些化妆成瘾的女性，她们通常对自己要求过高，潜意识里一直在追求完美，对任何一件与自己有关的哪怕是鸡毛蒜皮的小事都一丝不苟，容不得半点马虎。

社会或生活中的某些不完美常常让她们感到很失望，因而，她们把注意力转移到自己身上，竭力想用自己的完美来弥补社会和生活中的不完美，这其实是一种"心理补偿"。

二、认识化妆成瘾的危害

研究证明，女性依靠化妆品取得美丽的效果非常不可取，因为长期使用化妆品，会使女性的皮肤出现很多不良反应。这些不良反应，具体表现在以下几个方面。

第一，有些化妆品里含有有害的东西，会引起刺激反应，表现为皮肤发红、有烧灼不适感。

第二，产生过敏反应，这种反应就是使用了几天以后，皮肤发红，出现一些小疹了，甚至水肿。

第三，会出现一系列的不良症状。

那么，化妆品到底为什么会引起不良反应？这是因为化妆品的成分里有一些特殊的添加剂。化妆品引起中毒或者不良反应的真正元凶是汞、铅、砷等重金属类元素。

我们大家对于汞、铅、砷的认识不够，你选择化妆品的时候，似乎被化妆品美丽的外表吸引了注意力，没有注意到它真正的本质。另外还有比如防腐剂、色素、一些酶类，都能够引起不良反应，其中最重要的是重金属的超标，这些东西虽然数量不大，但若进入我们的皮肤，就会对身体造成危害。

三、克服化妆成瘾的方法

女性化妆成瘾有很多危害，为了身心健康，我们要努力摆脱"化妆成瘾"的不良习惯。

充分认识容貌不是最主要的，工作、生活的质量并不完全取决于此。最重要的一点是要明白，生活不可能十全十美，要允许事物有缺陷，只要这种缺陷不影响"大局"，就不要过分在意。

总之，要对自己有信心，不要去刻意追求经过雕饰的东西。

贴心小提示

如果你难以戒掉化妆的习惯，你在使用化妆品的过程中，要特别注意以下要点。

1. 不用伪劣化妆品

市面上的化妆品琳琅满目，如何挑选安全有效的产品，是每个女性都非常关注的问题，应该防止使用假冒劣质化妆品。

2. 睡觉前一定要卸妆

忙了一整天，虽然身体已经相当疲劳，爱美的女性可不能偷懒，更应该学会关爱自己的肌肤，在睡觉之前，一定要记得彻底卸妆。

3. 宜淡擦少擦口红

很多女性即使不化妆也会涂口红，口红的主要成分是羊毛脂，它极容易引起过敏反应，如嘴唇黏膜干裂、剥落。所以，为了健康宜淡擦或少擦口红。

4. 必要时就医检查

美白有风险，去斑需谨慎，爱漂亮的你一旦发现自己使用的化妆品可能引起中毒，应该立即前往医院检查。

抛弃浓妆艳抹的心理

女人都有爱美的心理，都想得到别人的关注。于是在这种心理的驱使下，有的女性通过浓妆艳抹来扮靓自己。有的女性头发染上颜色，或红或棕或黄或白，辨不清究竟；脸上厚厚的粉底，浓重或诡秘的眼影，粗而黑的眼线，艳丽的口红，两腮的胭脂如同两团没有散开的红泥。

这种化妆其实已经扭曲了自身的形象，不仅不美，反而像凭空地造出张假脸，显得既不真实也不和谐而且庸俗。再者，脸上堆着过厚的脂粉，皮肤汗腺孔、毛囊皮脂腺孔受阻，妨碍皮肤呼吸，使人感到不舒服，还易受到细菌感染而发生疖疮、皮脂腺炎。长期下去，会引起慢性皮炎，色素沉淀，加速皮肤老化。

一、了解浓妆艳抹的产生原因

具有浓妆艳抹心理的女性爱美之心日盛，每天照镜子时，恨不得让镜子说出"你最美"才罢休。为此，有些年轻女性毫不吝惜地将化妆品往脸上涂，牛仔裤上非得捅个窟窿，裙子短得不能再短，头发染得像个五颜六色的冰激凌等，本来想成为美丽的白雪公主，殊不知，在别人眼里却成了妖艳的坏女人。那么，究竟这些年轻女性如此打扮的背后，隐藏着怎样的心理呢？

（1）需求叛逆

研究发现，大多选择浓妆艳抹的女性是女性时尚圈的一个特殊阶层，她们不是像成熟女性那样，由于害怕别人侧目，就把自己打扮得规规矩矩。她们其实就是想表达内心对生活的反叛，追求自由。

（2）内心欲望

一则新闻：某地地铁站附近挂了一张告示："请乘坐地铁的女乘客注意自己的着装，不要穿着吊带衫等暴露的服装。"落款为"尴尬的男乘客"。由此，裸露和展示之风可见一斑。

这种风潮对刚刚成人但并未成熟的女孩的心理影响很大。16～22岁的年轻女孩，生理、情绪、思维能力都处于急剧变化的阶段，尤其是性意识、自我意识的觉醒和日渐成熟，让她们对外在形象的感知变得特别敏感，对吸引异性关注的需求也更加强烈。

英国的一项研究发现，许多年轻女孩为了让自己显得性感迷人，受到周围人尤其是异性的关注，便会大胆尝试暴露的服饰。这些女孩传达的信息就是，她们已经是个成熟的女人了。

（3）缓解内心的不安

不少年轻女性有意制造新鲜形象，潜意识是想弥补心中不安。心理学分析认为，如果一个人界限感薄弱的话，除了感到与他人不同之外，还很难把握和他人之间该保持多远的距离。

因而，她们对与别人的交往常怀有不安，对生活也感到不确定。她们为了保证自我安全，就穿上款式另类，甚至夸张的衣服，人为地跟外界划清界限，缓解内心的不安。

二、纠正浓妆艳抹的方法

如果打扮让人对我们的身份产生不好的联想，说明我们的装扮很不合时宜。而且，莎士比亚也曾说过：如果我们沉默不语，衣裳和体态会泄露过去的经历。因此，无论我们是追求个性，还是追赶潮流，最好还是选择符合自身年龄、身份的装束，这样才能为美丽加分。

（1）摆脱从众的心理困扰

从众行为既有积极的一面，也有消极的一面。社会上的一些歪风邪气、不正之风，如果任其泛滥，会使一些意志薄弱者随波逐流。

浓妆艳抹心理可以说就是从众行为的消极作用所带来的恶化和扩展。如社会上流行吃喝讲排场、住房讲宽敞、玩乐讲高档的风气。在生活方式上落伍的人为免遭他人讥讽，便不顾自己的客观实际，盲目追风，打肿脸充胖子，弄得劳民伤财，负债累累，这完全是一种自欺欺人的做法。所以我们要保持清醒的头脑，面对现实，实事求是，从自己的实际出发去处理问题，摆脱从众心理的负面效应。

（2）调整心理需求

需要是生理的和社会的要求在人脑中的反映，是人活动的基本动力。人有对饮食、休息、睡眠等生理需要，有对交往、劳动、道德、美、认识等社会需要，有对空气、水、服装、书籍等的物质需要，有对认识、创造、交际的精神需要。

人的一生就是在不断满足需要中度过的。可人毕竟不能等同于动物，马克思指出，饥饿总是饥饿，但是用刀叉吃熟肉来解除的饥饿不同于用手、指甲和牙齿啃生肉来解除的饥饿。

在某种时期或某种条件下，有些需要是合理的，有些需要是非合理的，对年轻女性来说，对正常营养的要求是合理的，而不顾实际摆阔的需要就是不合理的。对干净整洁、符合自己身份的服装需要是合理的，而为了赶时髦，过分关注容貌而浓妆艳抹、穿金戴银的需要就是不合理的。

为此，女性要学会知足常乐，多思所得，以实现自我的心理平衡。

贴心小提示

对于使用化妆品,有一个小小的提醒:女性在应用化妆品时一定要注意它的具体操作细节,如在化妆之前要洗净手,从容器中倒出的化妆品不要再往回倒,某些化妆品在开启后要在本季节内用完,以避免化妆品受到污染等。另外,在进行面部按摩时,应遵循正确的按摩手法,避免用力过大而伤害皮肤。

还有,在用化妆品前后要特别注意清洁皮肤。上妆前只有将皮肤上的污垢清除掉,才能使化妆品起到应有的作用。否则化妆品直接覆盖在污垢表面,这样既不能直接对皮肤产生作用,也使得污垢持续刺激皮肤。

最后,你在入睡前应认真、彻底地卸妆,以便使皮肤在自然状态下有一个休息的时间。应当指出的是,我们不仅每天该让皮肤有适当的休息时间,在一段时期内也应给它一个自然修整的阶段,正如我们每天工作8小时,每周还要有星期日一样,这样才能保证皮肤的健康。

认识嗜好零食的危害

中国人常说"民以食为天",在现代人的饮食中,除了一日三餐,零食似乎也是休闲时必不可少的美味,尤其许多女性都爱吃零食。其实零食虽好吃,但也隐藏着诸多隐患,甚至不知不觉中成为可怕的健康杀手。所以女性应该认识到吃零食的危害,努力改掉这种习惯。

一、了解吃零食的危害

零食实际上就是商店里出售的、包装精美、形状奇异、色香味俱全的各类小包装食品，这种食品最早出现在发达国家，为的是服务高节奏生活的人群，如方便面，以后逐渐衍生出种类繁多的小包装食品。下面让我们看看小食品的一些危害。

（1）没有营养

小食品的主要成分是淀粉、味精和香精，其中营养成分根本不能满足我们身体的需要，而且，各类"精"多是化工合成的工业产品，除了能增加食欲之外，对身体没有任何好处。如糖精是从煤焦油中提炼的，它除了有甜味之外，一点热量也没有，最后还需从尿液中排出，反而给肾脏增加了负担。

（2）色素过多

小食品中的色素虽然被说成是"食用色素"，但很少是天然的，多数是化工合成的，它们有副作用，会慢慢地侵害人的身体，使人产生慢性中毒。由于慢性中毒不易被发现，因此危害也就更大。如果食用了假冒伪劣的小食品，它的危害就更严重。

（3）有防腐剂

任何一种小食品都加有防腐剂，用来防止食品变质。防腐剂主要有两种：一种是"山梨酸"，一种是"亚硝酸盐"。山梨酸副作用小，但价格贵；亚硝酸盐价格便宜，但副作用大。试想一想，一心想赚钱的生产商会用哪一种防腐剂呢？

（4）有毒包装

小食品多用塑料包装，在生产、印刷和包装的过程中会渗入重金属，重金属沉积在大脑中会严重影响人的智力发育。

（5）不卫生

小食品中的菌落指数严重超标，因此危害很大。

二、改掉吃零食的习惯

吃零食会严重地影响我们的身体健康，为此，女性应该下决心杜绝吃零食。

（1）打破恶性循环

有些女性早晨吃得很少，中午凑合吃，晚上就大吃，如此引起早上没有胃口，不吃早餐，午餐少吃，晚餐开戒，形成恶性循环。

调整要从打破此循环开始，早餐应该摄入一天所需1/3的热量，每个人日需热量为400~600卡路里。当然改变习惯并不容易，不过如果我们能坚持调整三个星期，那么早起一定会变得有胃口，而起夜吃零食的习惯就会改变。

（2）不要追求完美

不去饭馆，上班时不吃零食，坚持锻炼身体，早餐尽量营养，所有一切都做到了，可偶尔还是会遭遇贪食健忘症。这是不可避免的。不过没关系，我们不要去追求完美，没有人可以做到完美。一个人能在80%的时间里得到控制，就已经很不错。

（3）制订可行计划

制订一个计划，其中一项安排一周只用一次饭后甜点，可以阻止我们在其他时间去寻找零食。这样的计划是不是既容易记忆，也便于执行呢？

（4）眼不见嘴不馋

电视剧《欲望城市》中的女主角把厨房清洗剂扔进废物桶里，她是在防止自己把扔进去的东西再捡出来吃。为此，为了自己抵制零食的诱惑，我们可以尽量不买零食，或者把零食放在自己看不到的地方。

贴心小提示

为了纠正自己吃零食的恶习，你还要在日常生活中注意以下几点。

一是一日三餐要按时吃。

需要注意的是，在睡眠时，我们能量消耗少，所以晚餐最好少吃高脂肪食物，如肥肉和糖，多吃瘦肉、蛋类、鱼类和蔬菜，这样不但可以保证营养不缺乏，同时也不会因脂肪沉积而发胖。

二是吃水果最好在每餐后的半小时左右吃，如果是饭前吃，最好是少吃，因为少吃可以增加食欲，多吃会减少食欲。另外，能削皮的水果一定要削皮，不能去皮的水果一定要用清水浸泡和冲洗，减少农药残留物的危害，最好不吃反季节水果。

三是平时只喝白开水，这样既省钱，又有益于健康；如果是外出或旅游，最好带一些矿泉水，或者干脆就带凉白开。

规避错误的节食心理

节食是指在一定时间内不食用任何食物的行为，现在有很多女性都崇尚节食减肥，希望通过这种方法来达到瘦身的美好愿望。其实节食有许多讲究，它应遵循一定的科学规律。如果盲目节食对身体是十分有害的，所以现代女性要规避错误的节食心理。

一、了解错误节食的危害

有些人认为节食或忌食某些食物能增加耐力，增强抗病能力，赋予器官新的活力，延缓衰老和加速减肥。

这是缺乏科学依据的错误论调，具体说来，错误节食有下列危害。

（1）耗尽人体的碳水化合物

如果身体得不到食物，便会转而寻求血液中的糖分子，然后是储存的糖原或体脂。

在女性节食一天左右以后，碳水化合物耗尽，身体开始将脂肪转化为酮的化合物。

酮在肾脏中聚积，会增加脱水和减少血容量的危险，可能导致精神错乱、记忆力丧失甚至昏迷。节食对有糖尿病、低血压或胃溃疡的病人特别危险。

（2）造成代谢率急剧下降

节食不是减肥的有效方法，多数女性在恢复进食后体重反弹。由于因过激的饮食方式造成的代谢率急剧下降，几乎不可避免地导致体重增加。因此，节食对健康有害，女性朋友千万不可盲目行之。

（3）严重危害身体健康

节食还会造成低血糖，出现头晕、乏力等现象。女性长期节食还会造成贫血、营养不良、皮肤干燥、毛发枯干、面部皱纹增多、身体抵抗力下降。严重的还会出现厌食症等后果。

因此，为了减肥而盲目禁食和节食是不可取的。女性朋友如果要节食，应在营养专家的指导下进行。

二、避免错误节食须知

（1）保持身心健康愉快

多参加社交活动，既能多消耗热量，又能忘却饥饿；反之，如果精神抑郁，就会不自觉地吃大量的食物，而导致身体发胖。

（2）要保证足够的营养

女性要保证足够的营养、适量的热量和合理的膳食结构。热量的摄入不能太多，既要注意各种营养的搭配，又要少吃高脂高热的食物，如奶油点心、巧克力等。

饮食油腻可以选用一些健康的天然花草茶类的植物，对女性节食减肥是不错的搭配。

（3）不宜采用饥饿疗法

身体需要营养，如果过度节食，会影响身体健康。

总之，节食不仅不能使女性变得美丽；相反，还会导致许多疾病。

为此，女性朋友千万不可人云亦云地采用错误的饮食方法，那样只会取得与你的愿望适得其反的效果。

贴心小提示

爱美是每个女人的天性，但如果为了美丽的身材而选择禁食，则不是明智之举。不过，要是你的营养专家也建议你禁食的话，那另当别论。但你在准备禁食的两天前，应该只吃生蔬菜和水果，因为这些食物有利于你身体各系统的消化。

另外，在禁食中，你每天还需要要喝新鲜的果蔬汁，但绝不能饮用对空腹有害的橘子汁、西红柿汁以及各种加糖和添加剂的果蔬汁，而应该选择新鲜的苹果汁、甜菜汁、白菜汁、胡萝卜汁、芹菜汁等，这些果蔬都是被称作"绿色饮料"的高效解毒剂。

正确对待减肥

减肥是肥胖者通过某些措施以减少人体过度的脂肪、体重为目的的行为方式。

肥胖的根本原因是能量摄入超过能量消耗。女人想要真正安全有效地减肥，必须要树立正确的观念：减肥不能"急功近利"，更不能"随心所欲"。

肥胖是体内脂肪，尤其是甘油三酯积聚过多而导致的一种状态。肥胖可分为单纯性肥胖和继发性肥胖两大类。平时我们所见到的肥胖多属于前者，单纯性肥胖所占比例高达99%。单纯性肥胖是一种找不到原因的肥胖，医学上也把它称为原发性肥胖，可能与遗传、饮食和运动习惯有关。

一、认识盲目减肥的危害

肥胖是女性的一种重大疾病，必须从刚刚开始发生肥胖的趋势时就果断采取有效措施，将这种重大疾病控制在萌芽状态。但是，人们往往在减肥中操之过急，结果适得其反，造成了许多危害。

（1）招致闭经症

近年来，因过度节食减肥引起的月经不调甚至闭经，多数为20岁左右的年轻女性，她们限制饮食使体重急剧下降被称之为体重减轻性闭经，这种闭经患者不存在器质性疾病和精神疾病，完全是因为节食引起体重急剧下降而导致的。因为青春期女性需要积累一定的脂肪才能使月经初潮如期而至，保持每月一次的规律性。如果盲目减肥，体脂减少，有可能会使初潮迟迟不来，已来初潮者则可发生月经紊乱或闭经。

（2）诱发胆结石

减肥者的低热量和低脂肪膳食很容易引发胆结石。原因是，当因脂肪和胆固醇摄入骤减而发生饥饿时，胆囊不能向小肠输送足够的胆汁。胆汁的积滞和胆盐呈过饱状态的形式，会促进结石形成。

（3）损害脑细胞

一项新的研究显示，节食减肥对大脑记忆功能细胞的危害甚大，会导致减肥者们记忆力减退，乃至以后连很简单的计算也对付不了。因为节食的结果是机体营养缺乏,这种营养缺乏使脑细胞的受损非常严重,直接结果是记忆力和智力明显下降。

(4) 造成骨质疏松

更年期的妇女,尤其是在绝经后,由于卵巢功能停止,雌激素分泌也相应减少,骨钙大量丢失,容易引起骨质疏松症和骨折。除卵巢以外脂肪组织是体内制造雌激素的重要场所,脂肪细胞能将肾上腺皮质所提供的原材料经加工转变成雌激素,所以体瘦或减肥过度的妇女往往体内雌激素水平较低,更容易引起骨质疏松症和骨折。

(5) 造成头发脱落

因减肥而致脱发者不断增多,20%～30%为20～30岁的年轻女性。因头发的主要成分是蛋白质、锌、铁、铜等微量元素。吃素减肥的人只吃蔬菜、水果与面粉等,蛋白质及微量元素摄入不足,导致头发因严重营养不良而脱落。

二、把握减肥的正确心理

女性成功减肥除了饮食和运动这两个生理方面的控制与调整,心理的作用也不可小瞧。就好像戒毒一样,为什么会很难,为什么会反反复复,就是因为无法从心理上有效地彻底拔除。为此,女性应积极发挥心理正面作用,克服负面影响,减肥瘦身一定会成功。

(1) 找个对比对象

以自己最喜欢或者欣赏的某个人做我们的动力。把她最苗条的照片放在一眼就能看见的地方,天天看见她,并认定自己一定要变得像她一样。

(2) 借助他人经验

找个成功的榜样,借取她的经验,虽然不一定百分之百适合自己,但至少有我们值得学习的地方。

（3）凡事顺其自然

不必强迫自己，为了多吃的一口蛋糕而懊悔不已。这样会把自己的心情弄得很糟，而且容易使我们自己脾气急躁，走极端。

不是每个人都特别有毅力，能长期坚持目标而毫不松懈，为此，毅力只要70%～80%就够了。只要自己比以前有很大的进步就行。

（4）不求速战速决

瘦身减肥是个长期的活儿，不是网络上所说的一个月减掉5千克、10千克，减的不见得是"脂肪"，而且不容易保持，反弹起来更是容易。

（5）心理暗示法

要不断鼓励自己，一定要达到理想目标。事物总是在发展变化的。坚持下来了，瘦下来就是一种必然。

达到目标后，要保持少则七八天，多则几个月不反弹，才是真正的成功。瘦身最怕反弹，反复减肥对健康损害很大。

贴心小提示

不管女性采用什么方法减肥，合理的饮食很重要。为此，你的减肥期食谱应以低热量、低碳水化合物、低脂肪、高蛋白质为主，可选吃蛋类、瘦肉类、蔬菜类、水果类，少吃玉米、土豆、花生、南瓜、奶油、巧克力、肥肉、油炸品、甜食、含糖饮料及面食、酒类。

同时，一日三餐要定食定量，以早上吃好、中午中饱、晚上吃少为原则，两餐之间不加餐，忌吃零食，睡前三小时不吃夜宵，如有饥饿感可饮水或吃点青菜、水果。

克制疯狂购物的心理

在心理学上，购物狂行为又被称为"强迫性购物行为"，指的是一个人无法控制自己的购物欲望，疯狂消费，不考虑后果。引起强迫性购物行为的心理成因多种多样，如焦虑、愤怒、虚荣、冲动等。所以购物狂往往买的不是物品，而是情绪。

女性似乎天生就有购物嗜好，而当这种嗜好极度膨胀时，这样的消费就会变成一种强迫性的购物行为。心理学认为，购物行为本身能使人产生短暂的快感和陶醉，这样的感觉容易使人上瘾。为此，女性要正确对待自己的购物心理。

一、了解疯狂购物的危害

许多研究表明，大量的成瘾源于经历和行为，比如极端情绪化、重复的高频率体验等。这些经历和行为可能会引起神经适应，即让神经系统发生习惯性变化，从而让某种行为长期性发生。由此看来，购物成瘾也与目前世界上较为突出的饮酒成瘾、赌博成瘾、网络成瘾等行为障碍症一样，属于一种行为成瘾的心理问题。

购物成瘾容易发生在冲动型人群中，冲动类型的人通常不考虑后果就直接采取行动。尤其在当下出现多种消费方式的情况下，信用卡及网络等结账方式大量地代替了现金交易，这种看不到现金数额的交易过程常常在无形中刺激了冲动型人群的盲目购物欲望。

随着社会经济的发展，人们的消费能力也随之不断上升。越是经济发达的国家，有购物瘾症的人群就越庞大。这既是一个亟待重视的社会潜在问题，更是现代消费社会的重要心理问题。

有统计显示，大部分女性在心情抑郁、焦虑、疲惫和有负罪感之时会疯狂地进行购物，也就是说，女性的购物欲望并不是与生俱来的，购物有助于舒缓生活中的压力与焦虑，只是当这种强迫性购物形成瘾症时，她们便控制不了自己的行为。

张女士是某科研院所的骨干人物，老所长退休以后她极有可能成为继任者。心切的张女士每天都在等待任命的消息，但是宣布任命结果时所长却是由别人来担任。张女士一下子觉得希望破灭，心情低落的她找不到情绪的宣泄口，漫无目的地来到商场，突然萌发了购物的念头，结果现金花光后，她又接着刷卡消费直至透支，接下来的日子只要心情郁闷的时候，张女士都会忍不住到商场疯狂地消费，事后在家人的责备下又深感内疚，于是心情更加低落。

应该指出的是，有进取心是追求上进的表现，这无疑是值得肯定的，但应该用平和的心态面对这样的事件。像张女士这种情况，可以找知心的朋友或家人倾诉，将不良情绪适时地宣泄出来。

二、克制疯狂购物的方法

疯狂购物其实是一种非理性的行为，也许偶尔一次的确可以达到缓解压力安抚失落情绪的作用，然而一旦形成恶性循环，将有可能成为瘾症。

这样的情况在生活中非常常见，女孩子在失恋或者心情不好的时候，通常会选择疯狂消费作为宣泄的手段。疯狂购物的人容易产生一种归属感，用金钱找回被朋友抛弃的失落感。但选择这种方式快速满足自己，一定要有理性的克制，因为购物回来后必然很快就会有失落和愧疚感，一旦陷入恶性循环，就很难摆脱。

以下提供一些关于购物成瘾的具体调适方法。女性一定要清楚地知道，唯有理性消费，才是购物的根本之道。

第一，绝不在情绪不稳定的时候进行购物，因为此时的购物只是不理智的宣泄。

第二，绝不在感觉悲伤的时候进行购物，因为购物也不能完全安抚你的内心世界。

第三，绝不在怀旧的情绪中进行购物，无节制地沉湎于过去容易丧失判断力。

第四，绝不为了追赶时髦进行购物，时髦只是一时的潮流，并且永远也追赶不上。

第五，绝不把购物当成一种消遣。如果觉得时间富余，可以培养一些兴趣爱好，多进行有益于身体健康的活动，让生活更充实。

第六，尽量在购买前列一个简单的购物清单，确定需要购买的物品，避免重复购买已有的东西。

第七，尽量用现金进行结账，减少信用卡和网络支付的次数。计划消费金额进行消费，以及根据消费的支出可能携带一定的现金。

第八，尽量运用"替换政策"控制自己的购买欲望，就是购买一件物品就必须丢弃另一件物品。

第九，尽量在购物前问自己"真的需要吗"，理性地思考购买物品的必要性和合理性。

总之，用理智战胜盲目，才是正确的购物方法。

贴心小提示

你有疯狂购物的行为吗？如果有，那么你在生活中为了避免自己花冤枉钱，还可以这样做：

首先是你外出时尽量少带现金，只要够用就可以了。如果你带了太多现金，容易"挥金如土"。

其次是平常最好与自己经济状况相当的人交朋友。因为假如你的朋友比你有钱，总会使你觉得见到她时害怕丢面子，这会给你一种压力，于是又会转化为你购物的推动力。

你还可以提前拟定自己的购物目标。这就要求你要时常想想究竟还需要一些什么，把它们列出来，它可以时常提醒你在购物时是不是真的需要这件东西。

最后你还要学会记"流水账"，看看你究竟还有多少钱，不要因为买了东西，而饿了肚子。

不要让吝啬破坏仁爱之心

在心理学上，吝啬指的是个人对自己的金钱、财物、力气、能力、时间、知识等过分爱惜的一种特殊态度，是一种极端自我中心主义的表现。吝啬，俗称小气，也可以说是斤斤计较或者一毛不拔，是一种有能力资助或帮助他人却不肯付出行动的不正常心态。

和男性相比，女性在生活中，凡事更倾向于斤斤计较，其实这是一种极度自私的表现，为此，女性应该正确认识。

一、了解吝啬心理的表现

由于现代社会经济发展迅速，人们收入普遍增加，像小说人物葛朗台、泼留希金那样典型的吝啬鬼、守财奴在当今已很少见，现代女性的吝啬行为也不再限于财物，而是扩展到更广阔的领域，具体说来，她们的吝啬行为有如下表现：

（1）不借钱借物给他人

城市居民收入的有限性和生活高消费值，使一些女性对周围的人与事变得非常小心谨慎，她们从不轻易向人许诺与施舍，渐渐滋生了吝啬、冷淡、自私的心理。

（2）不愿意赡养老人

"老有所养，老有善终""孝顺父母"，这是中华民族的优良美德。可是现在有些做媳妇的，相互推诿、不承担赡养父母的义务，这多见于农村多子女家庭。另外，有些父母自己没有生育能力，从别处抱养一个孩子，待其长大成人，知道自己的身世后，就不顾父母的养育之恩，而将老人遗弃。

（3）放弃女性婴儿

我国历来有重男轻女的观念，"生儿弄璋，生女开瓦"。于是有些女性就只想生儿了，有的产前做B超，不是儿子就做"人流"；有的生下女婴后，就将她遗弃在路旁，好再生育儿子，这些实质上都是一种感情上的吝啬心理。

（4）没有爱心

有些女性遇事习惯"事不关己，高高挂起，明知不对，少说为佳"。捐款、让座的助人之事从不做；遇到别人有难，也不帮。

二、认识吝啬心理的特点

一般说来，具有吝啬心理的女性在日常生活表现中，拥有如下心理特点。

（1）自私性

吝啬的女性都很计较个人的得失，总怕自己吃亏，爱贪小便宜。

（2）冷漠性

冷漠的女性非常看重自己的财产，为了既得利益，可以六亲不认，对别人的苦楚更是显得冷漠无情，没有一点怜悯之情。

（3）封闭性

封闭的女性很少参与社会活动，也不关心周围的事物，她们不愿帮助别人，因此很少有知心朋友。

三、认识吝啬心理的成因

吝啬是一种消极的自我防御体制。心理学认为，焦虑是人的行为的基本能力。有些人将现实生活风险估计过高，对自己的能力与实力估价过低，为了应付焦虑，就建立起这种自我防御机制。冷漠、吝啬、无责任感就是这种机制的表现。

吝啬是个体早期人际关系的产物。这种人从小很少甚至从未从父母那里得到爱与关怀，他们也就不懂得如何去爱别人。他们很少与父母有情感上的交流，因此对他人的艰难处境不会产生心理共鸣。

吝啬的人缺乏社会责任感。这种人自私、冷漠，对社会、他人乃至亲属不负责任，或者只站在狭隘立场来看待自己的责任与义务。

四、改变吝啬心理的方法

吝啬心理破坏了人类所固有的仁爱之心、同情之心，将会在物质上与精神上对一些社会成员造成精神及肉体的伤害。亲朋好友有困难不帮助，是物质上的吝啬；生了儿子当宝贝、生了女儿当累赘，这是感情上的吝啬。为此，女性应该想办法尽力消除这些社会病态行为。

（1）自我领悟法

具有吝啬心理的女性应该从思想上领悟吝啬的错误，明白人活在世上，需要钱，但更需要亲情与友谊。

（2）充实信仰法

一个有崇高信仰的人，会把蝇头小利看淡。好的信仰将会使人的价值观得到提升，灵魂得到净化。为此，具有吝啬心理的女性要培养自己的崇高信仰。

贴心小提示

我们要明白，小气吝啬，只会使自己成为孤独的人，而关心与帮助历来是相通的，每个人都有需要别人帮助的时候，你今天帮人一把，日后自己有难处，也一定会得到他人的关心。

所以，抛弃吝啬思想，对他人都慷慨一点吧！不论是对别人施以钱财或是其他帮助，别人都会记在心里。

女性的温柔是一种诱人之美

"温柔"是个美丽的词汇。温柔的女人是一首诗，令人心醉；温柔的女人是一杯茶，清新怡人；温柔的女人是一首歌，旋律悠扬。温柔的女人，是微笑的天使，是美丽的永恒，她可使美丽纯洁变得更高雅又平易近人，她具有一种特殊的魅力。总之，对一个女性来说，温柔是一种诱人之美，是一种力量。

一、了解女性温柔的重要性

造物者用了和谐的美学原则来创造人类，它赋予了男性阳刚之美，又赋予了女性阴柔之美，正因为两性之间各有其独特形态而形成鲜明对比，才使男女对立统一地组成了人类绝妙完美的世界。

阴柔之美是女性美的最基本特征，其核心就是温柔，温柔像春风细雨，像娇莺啼柳，像舒卷的云，像皎洁的月，更像荡漾的水。女性之美，美就美在"似水柔情"。

用水之柔性来形容女性的温柔之美，是再恰当不过的了。《红楼梦》中，贾宝玉说过："女儿是水做的骨肉。"所以人见了便觉得清爽。他把大观园里的姊妹丫鬟们，都看得像清澈的水一样照人心目，一个个都显得高洁纯真、温柔娇嫩。在他的面前，这些女性展现了一个有如水晶一般明净的世界。女作家梅苑在《美人如水》一文中说，女性有点似水柔情，才有女性味道。

　　可见，女性的诱人之处，正在于有似水的柔情，正在于温柔。世上很少会有哪个男人喜欢野蛮、粗俗的女人。女性的似水柔情，对男性来说，是一种迷人的美，也是一种可以被其征服的力量。

　　一位诗人说："女性向男性进攻，'温柔'往往是最有效的常规武器。"女性的温柔表现在善解人意，宽容忍让，谦和恭敬，温文尔雅。不仅有纤细、温顺、含蓄等方面的表现，也有缠绵、深沉、纯情、热烈等方面的流露。有的女人无限温存，像牝鹿一般温柔；有的女性像一道淙淙的流泉，充满着柔情……总之，女性的柔情各式各样，都像绚烂的鲜花，沁人心脾、醉人心肺。

　　二、培养女性温柔的方法

　　女性的温柔源于女性性格的修养，修养好的女性，温柔的表现也令人倍感亲切。为此，女性特别要忌怒、忌狂，要讲究语言美，把那些影响柔情发挥的不良性情彻底克服掉，让温柔的鲜花为女性的魅力而怒放。具体来说，培养女性温柔主要有以下方法。

　　通情达理。宽容是温柔女人的第一要素，这是女人温柔的外部表现。温柔的女人应该懂得谦让，对人体贴，不会当众给人难堪，会从对方的角度去思考问题。

　　不软弱。懦弱、软弱并不等同于温柔。软弱是人的缺点，而温柔则是人的美德，二者有本质的区别，不可混淆。娇滴滴、小女孩儿腔、乱撒娇这些刻意的东西都与温柔无关，除了能够吸引一些肤浅的男子，只会被大多数人看成是惺惺作态。

立场明确。你的语言要真诚温和，表明自己的立场，说话时面带微笑，用你温柔的话语表达你的决心，会令对方敬佩。

善良。对人对事都抱有美好的愿望，懂得关心与帮助别人。

性格温顺。即使遇到令你十分生气的事情，也不要为之动怒，更不要火冒三丈。任何事情都有解决的办法，而通过动怒来解决实为下下之策，要运用你的智慧去化解生活中的困难。

细心。最令人心动的女人并不是她有多么漂亮，也不是她取得多么惊人的成绩，而是她能够设身处地地细心关怀和体贴他人。温柔的女人富有同情心，对于弱者、遇到困难之人、老幼病残，尽可能地帮助他们。

少许脆弱。为了满足男性喜爱"保护"女性的欲望，你可以适当表现一下自己的"脆弱"。它可以表现为一种弱不禁风的楚楚可怜模样，也可以在精神方面向他示示弱。

不张扬。温柔的女人把更多的时间留给自己，她们用自我独处的时间来丰富完善自身的学识与修养，她爱读书，懂艺术，志趣高雅，内心丰富饱满，一旦动了真心，就会体贴和关心自己的爱人。

总之，柔情似水是女性诱人的魅力，也是一种征服他人的巨大力量。

贴心小提示

温柔的女人不是没主见的"乖"，而是一种美好的性情，一种智慧，一种女人味。男女平等，不是鼓励女人像男人，像野蛮女友，而是回归女人本色。女人的温柔是一种可以让男人品尝后主动驯服的美酒、口感细腻的佳酿。

温柔体现在各个方面，在女人的生活领域处处都能体现温柔的特征。温柔的女人，善解人意，会像尊重自己一样尊重男人，她有血有肉，有情有义。她的每一个动作都是表达，也是感受。为此，你应该通过学习，通过认识自己、认识社会和切身体会等途径，去培养自己特有的温柔。

总之，你可以不漂亮，但你一定要温柔。温柔是一种美，是一种女人自尊的人格。

第六章　处世有道的心理应变

　　处世有道的心理调整，就是要懂得处世的心理学，简单地说，就是在日常生活中，学会看清事物的本质，洞悉他人的内心，从而深谙与人和谐相处的道理。它作为一种艺术、一种哲学，对人生的影响非常大。

　　一般而言，善处世者，崇尚德行，注重和谐，遵循传统的伦理规范，所以，无论在任何环境之下，都能逍遥自在，怡然自得，淡然自安，欣然自乐。

正确认识心理幼稚病

心理幼稚病是指成年人的一种沉溺于幻想、拒绝长大而喜欢"装嫩"的心态。心理学认为，这其实是一种被俗称为"成人幼稚病"的心理障碍，属于"彼得·潘综合征"。

这种成年人患"心理幼稚病"现象在大中城市比较常见，大都集中在"80后"和"90后"的青年女性身上，这些现象与她们的成长环境密切相关，如果对此不加以重视，其会越来越普遍。

一、了解心理幼稚病的表现

人的成长包括生理、心理、品德等多个方面，只有各方面全面协调发展，才是真正的发展。成人"心理幼稚病"就是心理发展不健全的一种极端表现。有该心理的女性，或许习惯随心所欲，在职场或人际互动上易受挫，总觉得遭到团体排斥，凡事格格不入，故换工作如家常便饭。即使成家立业，事不关己的特质也常让配偶负担沉重，令对方感觉在照顾一个孩子，造成彼此关系恶化。心理幼稚病的具体表现有以下几个方面。

（1）不负责任

任性、散漫，过于喜欢以自我为中心，出了差错老爱怪别人。

（2）缺乏自信

恐惧失败，不敢承担责任，面对挑战会找借口逃避。

（3）依赖性强

害怕孤单、寂寞，希望随时有人可以帮忙，以满足她的需求。

（4）难以坚持

挫折忍受度低，行事稍有不顺或遭批评便易情绪化或放弃。

（5）其他方面

穿着打扮与自身年纪不符；迷恋卡通、漫画、电玩、玩偶；好奇心强，爱尝试新奇事物，喜欢热闹气氛等。

二、认识心理幼稚病的形成原因

女性心理幼稚病的形成与家庭环境、教育有很大关系。在过分受保护的家庭环境中长大的女性已经形成了依赖行为模式，习惯于让别人为自己的行为负责。

其中有些女性不是不希望自己"长大"，也不是不想为自己负责任，只是缺乏勇气摆脱这种依赖心理。她们因为害怕而没能承担自己的责任，在压力来到的时候往往会选择逃避。

现在不少年轻人，大多数是独生子女，从小在家里备受呵护。有的甚至10多岁了，还和父母一起睡觉，而且父母也大多数呈强势。这种人虽然结婚了，但心理上总是没有断奶，柔弱的翅膀始终不会飞翔。

由于她们拒绝成长，因此就出现了许多婚姻问题，她们的责任感差，依赖性强，心理脆弱，优柔寡断，以自我为中心，小家子气等，这些毛病不仅使其难以承担家庭责任，还使她们不会处理婚姻矛盾，造成无数尴尬、离散的结局。

三、消除心理幼稚病的方法

（1）做到自我认识

女性心理幼稚病产生的主要原因是自我认识不足。人之一生，对自己要有一个正确的认识。也就是说，要一分为二地评价自己，要有进取心，不沉溺于"失落感"。

（2）学会言出必行

女性要克服幼稚心理，就要严格要求自己，不出尔反尔，对自己的每个承诺都要相当重视，特别是在答应别人之前要考虑清楚，自己的话是否真能做到，要言出必行。满嘴跑火车、放空炮、迟迟拿不出行动，是不成熟的行为。

（3）注意自我调理

一方面是精神调理。保持良好的心态，心胸开阔，兴趣广泛，精神生活要丰富多彩；加强人际交往，与人多交流、多合作；坚持体育锻炼，增强体质。另一方面是学会饮食调理。在日常膳食中多摄取富含优质蛋白、维生素、微量元素、低盐、低脂食品，如瘦肉、乳、蛋及豆制品、莲子、桂圆等，还可以适当选用些滋补品。

贴心小提示

如果你是一个心理幼稚病的患者，为了改正自己的这种心理，你应该从现在起独立地完成一些现实生活中的小事情，如独自上街买菜、去商场或超市选购一些生活用品、晚上独自睡在一个房间等，然后逐渐做到遇事独立思考，如外出旅游自己选择景点或景区等。并且应定期或不定期地制造一些从简单到复杂的"作业性"挫折，独立思考并独立完成。

这些小事虽然是非常平常普通的，但当你能够把它们都做好，就证明你已经从心理上长大了。

克服贪慕虚荣的心理

从心理学角度来说，虚荣心是一种追求虚表的性格缺陷，是一种被扭曲了的自尊心。在社会生活中，人人都有自尊心，都希望得到社会的承认，但虚荣心强者不是通过实实在在的努力，而是利用撒谎、投机等不正常手段去渔猎名誉。

虚荣心男女都有，但总的来说，女性的虚荣心往往比男性更强。

一、了解虚荣心理的表现

一般说来，贪慕虚荣的女性通常表现得很现实也很物质，她们满足于现实生活中能够享受到的愉悦，满足于与左邻右舍亲朋好友比较后产生精神上的快乐。

女人的虚荣心绝大多数时候追求的是一种物质层面的东西，所以，绝大多数虚荣心强的女性都会有以下一些表现。

（1）盲目攀比

虚荣心强的女性总是自觉不自觉地拿自己跟生活条件、工作环境、家庭状况比自己优越的女性进行比较，而且，这种人有一个特点就是习惯性地拿自己的短处跟他人的长处进行比较，结果就可想而知了。为此，她们会感到自己生活得很憋屈，感到别人永远享受着幸福生活而自己永远都生活在水深火热之中。

（2）严重嫉妒

有超强虚荣心的女性通常还会伴有非常强烈的嫉妒心理，无论是在生活中还是工作上，只要看到有比自己生活过得舒坦或在事业上比自己前景更为广阔的同事，便会产生强烈的嫉妒心理。

（3）恋爱要求

恋爱作为一种过程，是恋人间的相互了解。这种了解，本来与金钱并无必然联系。也就是说，了解可以在共同爱好的活动中自然增进，也可以在有意接触的约会中逐步深化。

但有些女性却往往很看重金钱，她们往往很重视男人所送的财物数目，好像男人的感情是与金钱的数量成正比的。如果男人花的钱不多，她就会不高兴。饭店要上高级的，东西要买高价的，送礼要送值钱的，否则就看不起对方，或认为对方看轻自己，在别人面前也感到脸上无光。实际上，这都是虚荣心理在作怪。

当然，从人的心理表现看，绝大多数人都有趋望心理，喜欢与有名望者结识、交往，这里也有某种"面子"因素在内，但过分考虑"面子"就未免过于虚荣了。

虚荣心的产生与人的需要有关。人类的需要分生理需要、安全需要、归属和爱的需要、尊重的需要和自我实现的需要。其中尊重的需要包括对成就、力量、权威、名誉、地位、声望等方面。一个人的需要应当与自己的现实情况相符合，有的人其需求得不到满足，就通过不正当的手段来获得满足，这就是虚荣心在作祟。

二、虚荣心理产生的原因

虚荣心理的产生及其强弱与个体心理品质、思想修养有着直接的关系，除此之外，还受个体所处的生活环境及社会文化传统的影响。

（1）自尊心过强

每个人都有维护自尊的需要，每个人都喜欢听恭维、赞扬的话，这在定程度上是人的本性的显现。如果一位女性的自尊心过于强烈，渴望获得别人对自己的重视、尊重和赞扬，而自身又缺乏过人之处，不具备足以令人称道的实力，则不得不寻求其他手段，如借用外在的、表面的，甚至是他人的荣光来弥补或替代自己实力的不足，以此满足自尊的需要。在此过程中，虚荣心理的产生在所难免。

（2）缺乏自信心

具有虚荣心理的女性往往是那些缺乏自信、自卑感强烈的人。这些女性，为了缓解或摆脱内心存在的自惭形秽的焦虑和压力，试图采用各种自我心理调适的方式，其中包括借用外在的、表面的荣耀来弥补内在的不足，以缩小自己与别人的差距，进而赢得别人对自己的重视和尊敬，虚荣心便由此而生。

二、克服虚荣心理的方法

虚荣心是以不适当的虚假方式来满足自己自尊心的一种心理状态。在虚荣心的驱使下，我们往往只追求面子上的好看，不顾现实的条件，最后造成危害，为此，女性应当克服掉虚荣心。

（1）努力克制自己

要懂得克制自己的欲望。人的欲望是无穷无尽的，无论你怎样做都无法填满欲望的黑洞，学会克制自己的欲望是十分重要的。

在想要一个东西之前，先问问自己："我是不是真的需要它？""我是不是因为某人拥有它才想要的呢？""它对我真的有用吗？"如果答案是否定的，就要克制自己的欲望不去想它。

（2）做到自尊自重

克服虚荣心首先要做到自尊自重。做人起码要诚实、正直，绝不能为了一时的心理满足，不惜用人格来换取。只有做到自尊与自重，才不至于在外界的干扰下失去人格。

（3）树立崇高理想

人应该追求内心的真实美，不图虚名。很多人能在平凡的岗位上做出不平凡的成绩，就是因为有自己的理想；同时，有自知之明。这就是说要能正确评价自己，既看到长处，又看到不足，时刻把消除为实现理想而存在的差距作为主要的努力方向。

（4）正确面对舆论

因为虚荣心与自尊心是联系的，自尊心又和周围的舆论密切相关。别人的议论、他人的优越条件，都不应当是影响自己进步的外因，决定需要的是自己的努力。只有自信和自强，才能不被虚荣心所驱使，成为一个高尚的人。

（5）排除外界干扰

这个世界有各种各样的诱惑，稍微不小心就会让人感到强烈的不平衡，产生虚荣心。而由于虚荣心作祟，又会做出许多不好的事情来。所以，排除外界的干扰，不受一些外界的引诱是保持心境平和的最好办法。

此外，也不要太注重舆论。很多时候舆论的影响和别人的优越条件，会很大程度上导致心理的不平衡，使人产生虚荣心理，只有自信、自强，不受这些舆论的影响，才能够摆正心态，拥有高尚的人格。

贴心小提示

有时候，人有虚荣心绝非坏事，女人适当的虚荣心也可以成为自己和老公事业进步追求美好生活的原始动力。

其实，一个人的幸福感来自自己平和的心态，来自自己不过于贪婪的追求，来自自己恰如其分的虚荣心，根据自己的能力去获取精神与物质上的改善，别住在别墅里还嫌自己房小，别开着宾利还嫌自己车旧，经常想着如何去帮助弱势群体，你就会产生越来越多的幸福。

因此，只要调整好心态，不过度追求超高的目标，学会知足，你就找到了常乐的源泉，只有这样，你才会感到生活的乐趣，才会感受到幸福。

盲目攀比会失掉快乐

人生在世，但凡是个正常的人，多多少少都有些虚荣，虚荣本来无可厚非，但虚荣过火便让人讨厌。这攀比就是因过度虚荣而表现出来的一种让人讨厌的心理特征。

同男性相比，女性大多都虚荣，她们无论是穿衣打扮还是其他，都会暗暗地和身边的人做比较，希望自己能更引人注目。但是，凡事都要有个度，如果攀比心理过强，会很容易失去快乐的感觉，也会让身边的人觉得难以承受。

其实生活是自己的，只要自己过得开心、舒适就好，何必让有害无益的攀比损害自己的幸福呢？

一、了解攀比心理的危害

攀比心理是一种"人有我也要有，人好我要更好"的比较心理，它隐含着竞争、好胜的心理成分，是刻意将自己在智力、能力、生活条件等方面与别人进行比较，并希望超越别人的一种心理状态。

现实生活中，人们常常有这样的疑问："一样是……为什么他……而我却……"这样一个转折问句，表明了攀比的心理动因以及与之攀比的对象。人们总是拿某一方面比自己强的人来比，这个攀比对象一般都是攀比者身边的人，如同事、同学、朋友等。越是熟悉的人，了解越深，可攀比的东西越详细。

在攀比者与被攀比者之间还要有一些共同点，比如年龄经历等，而且被攀比者有明显的一方面比对方强。当发现其中的落差时，有些攀比者就选择"比上不足比下有余"，寻求比自己低的攀比对象，以满足自己的心理。

现在社会有很多人热衷于一些细节上的攀比，比如是否评上先进、奖金分配是否均匀，这些个人名利范围内的东西都成为互相攀比的对象。一旦觉得比不过，就产生一些消极的反应。有利必争，成为这一类人生活的原则。

二、认识攀比心理产生的原因

女性具有攀比心理一般是基于以下原因。

嫉妒是一种极想排除或破坏别人优越地位的心理倾向，是含有憎恨成分的激烈感情。在个体之间差异性很小、外界条件基本相同的情况下，很容易产生嫉妒心理，具有明显的对抗性，从而引发消极情绪，导致极端的攀比行为，严重的可能会危害他人的利益，从而使自己也受到良心和道德的谴责。

心理学认为，当人们积极参加社会活动时，如果过分注意别人的看法，往往会强化从众心理，导致虚荣心理的产生。

三、克服攀比心理的方法

女性攀比心理严重会使自己产生情绪障碍，产生焦虑等心理疾病，或者使自己长期处在幻想状态，不求上进，脱离实际，最终一事无成，甚至会为了满足攀比的心理走上犯罪的道路。那么，在日常生活中，女性该如何摆脱自己的盲目攀比呢？

正确分析自己的能力，弄清自己的不足，明白自己与别人产生差距的原因，凡事量力而行，不要不顾自己的实际能力而过高要求自己。如果是所处环境的问题，而且是暂时的，能够克服，就要努力改变环境。

要对自己的预想进行调整。正确地分析自己的能力，了解自己的弱点。这样有利于对自我的期望值进行调整，客观地看待自己的付出与回报。

积极付诸行动。积极调整自己，争取进步，尽量达到预期的目标。根据个人的情况，保持一个正常放松的心态，则能保持行动的最后成功。

贴心小提示

一个人必须先自爱，别人才会爱你，必须先自助，才能帮助别人。攀比心理从哪里来？是因为总是没有机会施展自己的才能，所以有些急功近利了，还是真的不如别人？就像你打篮球，遇到的都是高手，你就觉得和他们在一起落后于他们。

其实别人的成就也不是随手得来的，也是努力的结果。成功没有捷径，欲速则不达，一下子就实现的不叫目标。不要丢了西瓜捡芝麻，到头来什么都不行。

为此，你应该把时间和精力用在对自己的人生和发展更加有意义的事情上。

让宅女融入人群之中

现在人们习惯把那些整日不愿外出、不爱与人交往、沉迷上网、玩游戏、网上聊天的人，通称为"宅男宅女"。

经研究发现,在我们身边的宅女以25~40岁的白领女性居多,她们大多喜欢在下班后宅在家中。但由于这类女性成天待在家中,靠键盘和电脑与人交流,过着几乎与社会隔绝的生活,这对她们的身体和心理健康是非常不利的,现代女性必须对此引起重视。

一、了解宅女的行为表现

宅女是网络技术的衍生品,不少宅女认为,自己大门不出、二门不迈,但并非不关心国内外大事,她们通过网络看新闻、读报,能够了解事实真相,尽管少与人见面交往,但她们可以通过网络、电子邮件等方式广交"朋友",畅叙心中的感受。她们的日常行为主要表现在以下方面。

(1)痴迷于某件事物

小说、电影、韩剧、游戏等都是当代宅女比较痴迷的,沉迷于其中的年轻白领也不少。有的为了"偷菜",可以从早上7时至晚上24时都一直守在电脑面前,看守着自己虚拟世界里的"农场"。

(2)依赖电脑与网络

数据显示,有65%的大学生宅女平日在宿舍通常都是在上网。其中一半以上的女性用电脑或手机看电影、上网聊天以及玩游戏。而只有少部分同学上网是为了学习、看新闻。

在被问到长时间不用电脑或手机上网会有什么感觉时,超过一半的人"会有点不习惯或心理落空空的,总觉得少了什么"。可见,宅女们的生活已经离不开网络且对其产生了依赖。

(3)作息时间不稳定

不少宅女喜欢把待在家当成一种时尚的生活方式:每天睡到自然醒;整天对着电脑或手机;喜欢用手机或游戏机打发时间;每天固定浏览社群网站接收信息;每天吃快餐;久坐在电脑前等,从而导致自己的作息时间不规律，收入也不稳定。

（4）不喜欢与人交流

宅女认为"宅"在家里可以避免一些不必要的麻烦。比如说不用出门，不用花心思打扮自己。甚至可以穿着睡衣在家中待一天，既方便又舒适。吃饭时，不想出去的话也可以叫外卖。也不用接触陌生人，就活在自己的小圈子里。

二、认识宅女形成的原因

宅女们虽然都喜欢在家窝着，但她们的目标是生活，而非生存那么简单。也正因为她们对生活有着期待和欲望，因此，她们便通过不同的"宅"法反映着她们的心理诉求，这是这一群体形成的主要原因。

（1）懒惰的思想

用宅女们自己的话讲，宅在家里"只是懒得动而已"。她们懒得出门，觉得奔波的生活很令人疲惫，又有幸赶上高速发展的科技时代，在网络技术的支持下，她们足不出户就可以了解世界万象，与朋友沟通交流，甚至可以通过网购获得她们想要的任何商品，于是网络成了她们的生活必需品。宅女们便很随意地"宅"在了家里。

（2）无明确目标

部分宅女总是觉得生活无聊，每天除了必要的工作和学习之外基本上无事可做，于是她们只好"宅"在家或者寝室里，无聊，发呆，茫然。

其实追其究竟，她们"宅"在家里的主要原因是她们还没有一个明确的生活目标和清晰的学习规划，于是每天只好靠无所事事来打发时间。

（3）不善于交际

有些宅女性格内向，不擅长与人交际。或者说她们害怕与人交际，总觉得与人交流交际是一件很困难的事情。于是在这种心理的催化下，她们越加地封闭自己，生活在自己的小世界里，更加喜欢"宅"在家里。

（4）逃避的心理

心理学对"宅人族"研究发现，不少白领类和学生类宅女成为"宅人"的最主要原因是生存压力太大，这些压力主要包括工作压力、考试压力、与老师和同学以及其他人交往的压力、理想大学生活与现实出现差距的压力等。在这些压力面前，宅女们变得无所适从，于是她们开始寄情于网络。

（5）沉迷于网络

调查发现，许多大学女生来到大学求学，除了正常的上课时间外，其他的时间就基本上是自己安排，有些同学会选择做兼职，也有些会参加一些社会实践，或者参加形形色色的社团活动和校园活动等。

但并不是所有学生都选择了这些，那些找不到生活寄托的女大学生感觉茫然无措，而网络正好弥补了她们生活的空乏。

她们"呆"在宿舍里过生活，上网看电影，看各种电视剧或者比赛，浏览网页看新闻、玩网络游戏等。并且她们越来越发现这种生活是多么的闲适自由，于是她们越来越喜欢这种网络生活，越来越喜欢"宅"在寝室这个小天地里。这让很多年轻人的心理在虚拟世界中日益封闭，人与人面对面沟通的能力大大退化。与人交往时，出现恐惧、自卑、害羞、封闭心理，宁愿缩在自己的"宅"里，慢慢产生了社交障碍，变成了社交缺失人群。

三、看看"宅"的不良后果

互联网为宅女们提供了自由表达思想、疏泄压力和情感的平台。但是，成天"泡"在家里，在网上聊天、交友，与现实社会隔绝，久坐少动，饿了吃快餐食品这种宅人族的生活方式对人的健康是非常不利的，调查发现，长期在家里的宅女很容易出现以下健康问题。

（1）出现心理疾病

由于人是社会性的，需要社交活动。在人与人的交往中，我们可以提升自信，认识自我存在的价值。长期缺乏人际交往，人会变得古怪、自私，与人相处的基本社交技能也会退化。为此，成天待在家里的宅女在与人交往时，易出现恐惧、自卑、害羞、封闭心理。

有人曾做过相关调查，有多数宅女坦言，自从长期独处后，她们不愿意接触陌生人，有的人甚至因此而患上心理障碍和精神疾患，如抑郁症、孤僻症等。

（2）引起身体疾病

宅女们喜欢将自我封闭起来待在家里，但不规律地饮食、睡眠以及缺乏运动，会让她们的身体趋向于亚健康。

因为她们在家里待久了，无法呼吸到大自然的新鲜空气，长时间不能感受阳光，对身心都有一定的损害，如视力下降、眼睛干涩、颈椎酸痛、腰椎病等，有的女性由于久坐，阻碍盆腔内的血液循环，会导致痛经或某些妇科炎症的发生。

四、改变"宅"的生活方式

作为年轻的女性，长期待在家中，缺乏与人交往，不仅会导致自己的基本社交技能退化，而且还会影响自己的身体健康，让自己得不偿失，为此，建议宅女们改变自己的这种生活模式。

（1）明确生活目标

"宅生活"只是一种生活方式或生存状态，对任何人而言，这都不是最终的生活目标。每个人的内心都有一种自我成长的力量，有着种种对生活的期待和渴求，为此，宅女们应该聆听一下自己内心的声音，慢慢激发起改变的愿望，宅女们要相信自己是可以而且有能力改变的。所以，从现在开始，宅女们要做一个有明确目标的人。

大多数宅女待在家里的大部分时间是在上网，在不断的上网中依赖起网络。

网络在这个高科技发展的时代是非常棒的发明，这是毋庸置疑的，但是年轻女性在利用网络的同时也要明白如何好好地利用它，但又不能过分依赖它，应该认识到网络积极方面的同时，而远离其消极不利的因素。

所以，建议女性在利用网络时把握好度，合理安排自己的上网时间。

（2）参加社会活动

为了自己的身心健康，宅女们应该多参加社会活动和体育运动。社会活动能保持与外界的接触和互动，能增加我们与他人的交流和沟通，增强人的爱心和责任感，有助于放松心情，缓解压力，提升精力，并会给人带去健康和愉悦。

（3）改变生活方式

宅女们应走出家门，最好经常到外面走走，走入大自然，呼吸新鲜空气，有条件者可定期出门旅行，这样既能拓展自己的视野，享受生活的快乐，懂得珍惜和感恩，又有助于自己的身心健康。

贴心小提示

如果你的确有"宅生活"的爱好，你可以试着慢慢改变自己的生活习惯，在享受"宅生活"的同时，也要注意身体的健康。

为此，建议你每次上网一个小时后应休息5～10分钟，经常做扩胸、下蹲等运动，到窗前远眺，以缓解眼睛的疲劳，并呼吸新鲜空气，同时注意科学进食、少熬夜，这样有助于增强自身的抵抗力，减少疾病的发生。

不要让你的心在冷漠中凝结

冷漠心理是指一个人对他人缺乏关切、缺乏热情、冷眼相观、毫无同情心的消极心态。心理学认为，冷漠心理的产生，往往使信任、期待、感情等都在自闭的状态下被封存起来。造成冷漠心理的原因虽然有多种，但女性特殊的生理特性使得她们更易滋生这种心理。所以女人要做好心理的调适，不要让你的心在冷漠中凝结。

一、了解冷漠心理的表现

冷漠心理的女性往往表情淡漠，缺乏强烈或生动的情绪体验，她们缺少对他人的温暖与体贴，对人冷淡，甚至对亲人也如此，具体表现在以下方面。

（1）人际关系较差

冷漠的女性几乎总是单独活动，主动与人交往仅限于生活或工作中必须的接触，除一般亲属外无亲密朋友或知己，很难与别人建立深切的情感联系，因此，她们的人际关系一般很差。很多女性由于工作繁忙，没有时间交朋友，所以最容易产生这种冷漠心理。

（2）生活缺乏创造

当一些女性受到生活的不断打击后，很容易对别人的意见漠不关心，无论是赞扬还是批评，均无动于衷，终日过着孤独寂寞的生活。其中有些女性，可能会有些业余爱好，但多是阅读、欣赏音乐、思考之类的独处活动，部分人还可能一生沉醉于某种专业，做出较高的成就。但总体来说，这类女性生活平淡、刻板，缺乏创造性和独立性，难以适应多变的现代社会生活。

（3）习惯逃避现实

冷漠心理的女性内心世界极其复杂，常常想入非非，但又缺乏相应的情感内容。她们总是以冷漠无情来应付环境，以"眼不见为净"的方式逃避现实，但她们这种与世无争的外表并不能压抑内心的焦虑。

二、认识冷漠心理产生的原因

女性心理产生冷漠主要源于生理因素、心理因素和成长因素等。

（1）生理因素

心理学研究发现，从生理条件分析，在女性的青春期和更年期中，神经系统和内分泌系统的短暂失调，容易给人带来较大的情感波动，并常使女性处于情感低潮。这使得一些性格内向、情感细腻的人容易产生冷漠和抑郁。这段时期过去后，神经、内分泌趋于协调，症状就会有所缓解。

（2）心理因素

女性冷漠的产生还有其深刻的心理成因。一般说来，当人失去亲友、事业不顺或健康不佳时，会失去生活的动力和信心，这时，冷漠就可能产生。因为这些人都是我们生命中的至爱，一旦失去会给我们带来不可估量的创伤，甚至使我们觉得生命已无意义。尤其是有些年轻女性，对生命、事业、朋友、爱情都有很高的期望。殊不知，希望越高，一旦不能实现，失望也越大。所以，冷漠源于一种观念的狭隘和过高的成就动机。

应当说，成就对每个女性来说，都是不可缺少的心理动力。然而过高的成就动机会给意志脆弱的女性带来沉重的心理负荷，它往往是心理疾病的根源。

（3）成长因素

女性冷漠心理的形成一般还与她们的早期心理发展有很大关系。一个生命个体出生以后，有很长一段时间不能独立，需要父母的照顾。在这个过程中，儿童与父母的关系占重要地位，儿童就是在与父母的关系中建立自己的早期情绪特征的。在成长过程中，尽管每个儿童不免要受到一些指责，但只要感觉到周围有人爱他，就不会产生心理上的偏差。但如果终日被骂、被批评，得不到父母的爱，儿童就会觉得自己毫无价值。更进一步，如果父母对子女不公正，就会使儿童是非观念不稳定，产生心理上的焦虑和敌对情绪，有些儿童因此而逃避与父母身体和情感的接触，这样就出现冷漠症状。

事实表明，很多具有冷漠心理的女性，幼年时期都曾受到过心理创伤，这使得其成年后在遇到挫折时，产生不信任他人的自闭心理，于是冷漠的症状就表现出来了。

三、消除冷漠心理的方法

冷漠心理其实是一种消极的抵抗和反对，它的发生有一个缓慢的过程，基本上是反抗，失败，再反抗，再失败，当心理无法承受过重的打击时，逐步地导致行为异常。为此，女性应该摒弃这种异常心理。

（1）愉快待人

每个人都应该在生活中丢掉冷漠，并常常面带微笑，慷慨地把微笑带给别人。人都是存有温情的动物，他们也希望能把这些奉献出来，以便让这个世界不再总是出现冷漠的灰色格调。但要让他们奉献温情，我们自己必须先慷慨地拿出温情的心态来对待他们。

为此，我们女性应该在生活中从自己身边的小事做起，多一个微笑、多一个帮助。当我们摒弃冷漠，以积极乐观的态度对待生活时，幸福与快乐就会与我们同在。

（2）热情做事

热情，是指一种热烈的精神特质深入人的内心。如果我们的内心充满着要帮助别人的愿望，就会一扫冷漠的心理。当我们热情做事的兴奋从自己的眼睛、面孔、灵魂以及整个为人方面辐射出来时，我们的精神会为之振奋，其他人也会因此被鼓舞。

（3）充满活力

一个人如果行动充满了活力，他的精神和情感也会充满了活力。充满活力的人斗志昂扬，精神抖擞，精力充沛，不畏艰险，不惧困难，坚持不懈，始终如一，绝不会冷漠处世，趑趄不前。

（4）语言鼓励

教练用语言来鼓舞球队，业务经理用语言来鼓励推销人员，无疑鼓励的语言就是团体奋进的助力器。为此，具有冷漠心理的女性在做任何事前，都要学会鼓励自己，以消除冷漠。

（5）多与人交流

与人交流不仅是克服冷漠的良方，也是攻克一切情感障碍的有力武器，为此，需要改变冷漠心理的女性可以在生活中多与人交流。

当我们孤独、冷漠时，不妨骑上自行车转一圈，呼吸几口新鲜空气，让我们消除心中的苦闷和忧郁。这也是改变不良秉性的一种方法。

贴心小提示

当一个人的情绪低落时，就会变得冷漠，甚至会把自己孤立起来。

为此，你必须在任何时候都保持良好的情绪，要对什么事情都充满热情，比如，当你对别人微笑的时候，你需要更活泼一点，那么怎么才能更活泼呢？这就要求你的眼睛配合你的微笑放出光彩，而当你对别人说"谢谢你"的时候，也要真心实意、充满热情，这样一来，你在做什么事时都非常热情，冷漠自然也就找不上你了。

自傲是一种不良的心理

自傲是一种自大与固执的不良心理，容易让人看不清自己，产生傲慢情绪，这实质是无知的表现。俗话说，"自知者明"，人的无知有两种表现，一是盲从，二是狂妄。自傲则是狂妄的一种表现形式，它容易使自己的人生陷入泥潭之中。对此，具有自傲心理的女性，一定要认清自傲的危害，并善于克服这种不良心理。

一、了解自傲的表现

自傲往往以语言、行动等方式表现出来。自傲的女性经常让人感觉很自大，但也有一些女性表面上让人感觉很冷、不理人，但不一定是自傲。通常说来，具有自傲心理的女性具有如下表现。

（1）自视过高

这种女性认为自己非常了不起，别人都不行，很少关心别人，与他人关系疏远。她们时时事事都从自己的利益出发，从不顾及别人，对人没有丝毫的热情，似乎人人都应为她服务，结果落得个大家对她敬而远之的下场。

（2）看不起人

自傲女性总认为自己比别人强很多。这种女性往往固执己见，唯我独尊，总是将自己的观点强加于人，还总爱抬高自己贬低别人，把别人看得一无是处。

（3）过度防卫

自傲的女性有明显的嫉妒心。这种女性一般有很强的自尊心，当别人尤其同为女性的别人取得一些成绩或表现出受人欢迎、被领导重视的优点时，其妒忌之心便油然而生。

二、认识自傲的原因

任何人都有"争强好胜"的心理。然而好胜心并不是所谓的自傲。好胜心是催人奋进的动力，好胜心使人力争上游、永不停滞、不满足于现状、力争取得最大成功。

与此相反，自傲则是虚假的好胜心，具有这种品质的女性，不是想方设法地提高自己，而总是对他人取得的成绩任意贬低、否定，自己原地踏步，就像龟兔赛跑中的兔子一样嘲笑别人的进步。

那么，是什么原因产生自傲心理的呢？心理学认为，造成女性自傲的原因有以下几个方面。

（1）家庭教育观念

俗话说："穷养小子，富养女。"有的家庭，女孩子生下来往往因其比男孩子软弱而被父母宠爱有加。从人的心理发育规律来看，一个人的自我评价主要来源于周围人对他的看法，家庭则是他自我评价的第一参照系。

女性幼年时被父母过分地宠爱、夸赞、表扬，会使她们逐渐形成自己"相当了不起""谁都不如我"的错误认知，从而造成她们以后的自傲心理。

（2）生活太顺

人的认识来源于经验，生活中遭受过许多挫折和打击的人，很少有自傲的心理，而生活中的一帆风顺，则很容易养成自傲的性格。现在的青年女性大多是独生女,是父母的掌上明珠,如果在学校又出类拔萃,老师也宠爱她们,那么就会养成自信、自傲和自负的个性。

(3)片面认识自我

自傲的女性习惯缩小自己的短处,夸大自己的长处。她们缺乏自知之明,同时又把自己的长处看得十分突出,对自己评价过高,对别人评价过低,自然产生自傲心理。

如果只看到自己的优点,看不到自己的缺点时,往往会产生自傲的个性。这种女性往往好大喜功,取得一点小小的成绩就认为自己了不起,成功时完全归因于自己的主观努力,失败时则完全归咎于客观条件,过分地自恋和以自我为中心,把自己的举手投足都看得与众不同。

(4)强烈的自尊心

一些女性的自尊心特别强,在挫折面前,常常会产生两种既相反又相通的自我保护心理。一种是自卑心理,通过自我隔绝,避免自尊心的进一步受损;另一种就是自傲心理,通过自我放大,获得自卑不足的补偿。

例如,一些家庭经济条件不是很好的女性,生怕被他人看不起,装清高,这种自傲心理其实是自尊心过分敏感的表现。

三、克服自傲的方法

人因自谦而进步,因自傲而后退。自傲与孤芳自赏是一对孪生姐妹,以自我为中心的孤傲者,最终会在孤芳自赏中走向失落,并为此付出惨重的代价。为此,具有自傲心理的女性应该从孤芳自赏中清醒过来,如此才能创造出人生的辉煌。

(1)培养谦虚的习惯

一颗谦虚的心是与人建立良好关系的敲门砖,就是说,在我们承认自己并非十全十美、尊重他人之前,我们是得不到别人尊重的,也就无法与人良好地沟通，一颗谦虚的心是个人自觉成长的开始。古人说："谦受益，满招损。"为此，过于自傲的女性纵有万丈豪气、超人的才识，也要虚怀若谷，谦虚地做人做事。

（2）摒弃外露的做法

自傲的女性要明白，过分外露自己的才干，不分场合地显露自己的才干，只会让别人瞧不起。

（3）看到他人的优点

目中无人，盛气凌人，是自傲女性的一贯表现，她们目空一切，总认为自己是最优秀的，谁也不如自己。于是，她们只看到自己的优点，看不到自己的弱点；只看到别人的弱点，看不到别人的优点。为此，自傲女性必须学会理解、关心他人，和善待人，取他人之长补己之短，不断完善自己，才能克服自己的自傲心理。

贴心小提示

假如你发现自己有自傲心理，你在调整的时候还应做到如下几点：

1. 勿过分注重自我

要真诚地对待你身边的人，要用美好的感情去观察别人。成功学家戴尔·卡耐基说过，你只要对别人真心感兴趣，那么你在两个月内所交的朋友，就比一个要别人对他感兴趣的人在两年之间所交的朋友还要多。换一种说法就是，要别人成为你的朋友，首先你要成为别人的朋友。

2. 宽容他人

生活中要找到一个没有缺点的人是不可能的。假如你在交往中多一些宽容，你会发现，其实值得建立友谊的人还是很多的。

3. 平等待人

一个人的优越感很容易从言行中表现出来，这很容易引起别人的反感，从而影响彼此的交往。要改变自傲心理，就不能盛气凌人，要采用平等的谈话方式，如果无意中伤了别人，也应及时寻求谅解。这样，你就能在实践中学会平等待人，这是真诚交往的秘诀。

克服优柔寡断的心理

优柔寡断就是犹豫不决，缺乏果断，这是唯唯诺诺、拿不定主意的一种消极心理。这在许多女性身上都存在。有这种弱点的人，不仅没有主见，而且缺少毅力。

一、了解优柔寡断的表现

优柔寡断的女人遇到问题时很容易瞻前顾后，犹豫不决，前一分钟这样想，掉头又改变了主张，不知道到底怎么办才好。这类女性的具体表现有以下几点。

（1）畏首畏尾

优柔寡断的女性在重大的变故和灾难面前，最易畏首畏尾，变得手忙脚乱，六神无主。

（2）犹豫彷徨

优柔寡断的女性在机遇面前易犹豫彷徨，丧失了机会。

优柔寡断者不是没有机会，只是在机会来临之际，一次又一次地错失，抓不住它，这样一来不仅自己的宏图大志未能如愿，反而丢掉了发展的大好机会。机不可失,时不再来,在机遇面前优柔寡断,眼睁睁地失去了大好机会,可悲可叹。

二、认识优柔寡断的原因

心理学认为,人在处理问题时所表现的这种拿不定主意、优柔寡断的心理现象是意志薄弱的表现。那么,为什么这些女性遇事易反反复复、优柔寡断呢?这主要是由以下原因造成的。

(1) 性格因素

一般说来,优柔寡断的女性大都具有如下性格特征:缺乏自信,感情脆弱,易受暗示,随大流,过于小心谨慎等。

(2) 缺乏勇气

优柔寡断的女性,无论做什么事都缺乏破釜沉舟的勇气,总是犹豫不决。其实,有句话叫"不入虎穴,焉得虎子",要想取得成功,有时是需要一点冒险精神的。

(3) 缺乏主见

优柔寡断的女性,遇到事情时,首先想到的是别人怎么看、怎么想,在做事情的时候又总是对别人有依赖心理,也就是人们常说的"没有主心骨",别人说什么就是什么。

正如古人所说的:"矮人看戏何曾见,都是随人说短长。"优柔的女性凡事不相信自己,不敢自作主张,不能自己决断。这样的人,在家中依赖父母、兄弟、丈夫,在外面依赖上司、同事,要是没有人在她的身边,她就会不知所措,变得紧张、慌乱,失去方向。

(4) 缺乏决策

优柔寡断的女性总是徘徊不定,无法定夺。这样就会使本该得到的东西,轻而易举地失去了,本该舍去的东西,却又耗费了自己许多的精力。

三、克服优柔寡断的方法

俗话说："当断不断，必受其乱。"优柔寡断不仅会使我们在机遇和成功面前错失良机，影响自身的进步和发展，而且还会给我们带来强大的心理压力，形成恶性循环，以至于心情郁闷，苦恼不堪。那么，女性怎样才能克服优柔寡断的毛病呢？这里有以下几点建议。

（1）自强自立

容易优柔寡断的女性多缺乏独立性，她们遇事总喜欢依赖别人，让别人帮自己拿主意。所以当遇到需要自己拿主意的事情的时候，就显得左右为难，不知道该怎么办好了。为此，女性应培养良好的自信、自立、自强、自主的意志力，培养自己的独立性格，这样才能改变事事依靠他人的习惯。

（2）果断取舍

女人天性爱追求完美，常常在一些细节和小事上犹豫不决，摇摆不定。其实，只要抛开追求尽善尽美的心态，明白"金无足赤，人无完人"的道理，做事只要不违背大原则，不斤斤计较，就可以做到迅速决定，果断取舍。

（3）有胆有识

人的决策水平与其所具有的知识经验有很大的关系。一个人的经验越丰富，其决策水平就越高；反之，经验越缺乏，其可参照的东西便越少，胆子便越小。所以，增加经验，增加胆识，是克服优柔寡断的一种有效方法。

（4）主动思维

"凡事预则立，不预则废"，平时经常开动脑筋，勤学多思，是关键时刻有主见的前提和基础。为此，习惯优柔寡断的女性在做事之前，要提前谋划，做好准备等事情到来之时，运用主动思维，积极谋划，就能克服优柔寡断。

（5）遇事冷静

许多事情失败就是因为缺乏理性，结果造成失误或者错失时机。女性要想改变优柔寡断的性格，做事时就应排除外界干扰，稳定情绪，由此及彼、由表及里地仔细分析，有助于培养果断的意志，有助于控制自我心态，从而做到该等待时就等待，该出手时就出手。

贴心小提示

要从根本上克服优柔寡断的不良心理，你还必须培养自己坚决果断的心理与性格。所谓坚决果断，是指一个人能适时地采取经过深思熟虑的决定，并且彻底地实行这一决定，在行动上不踌躇、不疑虑。那么，怎样才能培养自己坚决果断的行为呢？

首先是开拓自己的知识视野，不断积累生活经验。经验能给你许多有益的借鉴和启迪，遇事容易迅速做出准确的判断。

其次是要把握时机，适时地做出决定。俗语说："机不可失，时不再来。"当你在面对机遇的时候，要好好把握。

果断不同于冒失或轻率。果断是经过深思熟虑，充分估计客观情况，迅速做出有效的决定；在情况发生变化时，又善于根据新情况，及时做出新决定。

第七章　职业生涯的心理保健

职场是人们将理想转化为现实的唯一通道，它能给人以成功的喜悦，从而成为人们丰富和完善美好生活的神奇工具。

同人一样，职业也有拟人化的心理和性格，不同的职业具有不同的性格特质。

在求职的路上，清晰地认识自己的职业性格对于自己的职业发展来说是非常关键的。

正确看待职场女性被歧视的问题

由于女性的特殊生理原因，当今不少用人单位只考虑自身经济效益，认为女性生育会影响单位工作，或者对女性工作能力有所怀疑。于是，职场歧视成为困扰女性的一个重要因素。

那么，作为女性，我们应该怎样面对社会和用人单位用有色的眼光看待我们的能力呢？这就需要女性在工作中做好各方面的努力。

一、了解职场歧视的表现

在职场上，社会对女性的歧视主要表现在以下几个方面。

（1）收入歧视

研究证明，绝大多数女性的收入都比男性收入低，一方面是受到了社会普遍观念影响及用人单位对女性的歧视，另一方面也是由女性自身的原因造成的。

女性尤其容易低估自己，这也正是她们收入"低"于潜能的原因。在众多大学进行的一系列调查表明，同样一份实验室的工作，女性能够接受比男同事低得多的报酬。这一点不因女性前一份工作的收入高低而改变。

其根源，按照心理学家的说法，是一种"压抑效应"，具体指在社会上只占少数的人群，在社会精英层面前，往往容易低估自己。弱势群体会认为，自己的这种弱势地位是理所当然的。看到优势群体的优势时，女性会认为是本该如此，而不管这种优势是多么不公平。

（2）外貌歧视

曾有人对女性就业做过问卷调查，在问到"女性在求职过程中最重要的是什么？"时，排在前三位的答案是：外貌气质、学历和公关能力，分别占70.1%、67.2%和60.7%。另外有不少单位对女性婚姻状况也提出了要求。

由此可以看出，女性外貌在求职和就业过程中都很重要。据报道，一位记者在人才市场采访时也了解到了类似的情况。一名外语系毕业的女生介绍，2004年毕业以后，她就开始了自己辛酸的求职过程。口语一流的她，先后应聘了多个企业的翻译职位，只因身高仅有1.5米，屡次在面试中被刷下来，以至于几年来她只能靠当家教等工作"糊口"。

（3）心理歧视

在女性的职业歧视中，也不能排除女性职场人士的主观意识。很多女性在潜意识中把自己定位为"性别弱势群体"，这样的主观意识，使她们在职场中可能变得比较敏感，容易强化那些原本并不是不公平待遇的现象。

比如，女员工看到男同事跟老板一起抽烟聊天，走得近，就觉得老板一定偏心男员工。另有一些女性在潜意识里认为，既然我们是弱势群体，当然就该受到更多的关注和照顾。可在今天竞争激烈的职场上，谁会无缘无故地特别照顾别人呢？有些时候，其实女性只是没有受到特别的照顾，但并不意味着就受到了歧视。

（4）能力歧视

在职场中，女性的能力往往会受到怀疑，很多人认为女性的工作能力不如男性。世界上的男人和女人，根据其各自生活层次、教育背景的不同被分为各不相同的社会群体。不同的人在职场中的发展、境遇不能一概以性别而论。假如我们留心一下便会发现，女性在很多职业领域的发展比男性要好，譬如在基础教育、幼教、部分行业的销售、护理等方面。

二、认识职场歧视产生的原因

与任何一种社会现象的产生一样，职场性别歧视形成的原因也是多方面的，心理学认为主要包括以下几点：

（1）生理差异

一位企业人力资源经理如是说："从企业的角度来讲，雇佣女员工不只是简单地增加一个员工的开支问题，因为她休假而导致的问题是一连串的，会产生连锁反应，导致企业流程受阻，而且她做了母亲之后根本不可能像没有结婚以前那么投入地工作，企业对员工的要求就是百分之百地投入。"

此外，由于女性的生理特点，企业一般不能安排其单独出差，加夜班还要考虑安全问题，这种由于生理差异带来的问题让用人单位觉得"麻烦"，成为一种生理性的就业障碍。

（2）企业利益

作为市场经济的主体，追求利益最大化是企业发展的需要，是增强竞争力、保持可持续发展的需要，是市场经济的规律使然，因此企业在合法的情况下追求利益最大化是无可厚非的。

（3）就业市场

目前我国整体就业形势严峻，就业压力大。劳动力供大于求的矛盾十分尖锐，形成了严重的劳动力买方市场，而这种劳动力供求严重失衡的状况使用人单位的选择范围增大，在选择权增大和追求利益最大化的双重影响下，女性就业的难度似乎就成了必然的现实。

（4）其他因素

职场性别歧视的又一重要原因是法律政策的缺失及执法不力。我国相关法律法规在确定立法宗旨、明确调整目标方面较为完备，但缺乏可操作性和执行性。

近年来，在就业过程中较为常见的公开歧视现象，如今正在转向"隐性化"。举例来说，"不招女生"的字眼在招聘启事中越来越少见，但在实际录用时，却仍然存在男多女少的情况，这就属于隐性性别歧视。

经历过多次面试的人都知道，职场的"外貌歧视"和"性别歧视"相当普遍。大量研究表明，男子高大帅气、女子漂亮身材好，绝对有助于升迁。当然不是说外貌决定升迁，但是，事实证明，在同等能力的情况下，美感分数越高，越容易与人打交道，也更容易获得升迁的机会。

三、应对职场歧视的方法

从根本上讲，能否战胜自身的弱点，是女性在事业上成败的关键，为此，现代女性应该注意克服自己的一些心理障碍。

（1）不能自卑

自卑，是常见的一种心理现象，表现为对自己的能力或地位评价过低，自己看不起自己。这一消极、有害的心理在现代女性择业中普遍存在。面对激烈的择业竞争，不少女性普遍给自己设置了心理障碍，所以有人说，女性成功的主要障碍不是别人，而是自己。

（2）克服依赖

一些女性平常养成了对父母和爱人的依赖心理，面对职业选择，也容易产生依赖思想，因此错失了许多良机。

（3）消除自负

自负即过高地估计个人能力，无自知之明。在我们的生活中，自负心理在不少女性身上反映突出。她们在求职时，过高地估计自己，这个单位瞧不起，那个单位也不遂心，而用人单位对这种缺乏自知之明、自视清高的女性也是不愿意接受的。为此，女性在选择职业中要注意消除自己的自负心理。

（4）发挥优势

一般说来，在职场中女性有以下别于男性的优势，可以更好地发挥出来。

第一，语言表达能力。女性运用语言词汇的能力强于男性，随着年龄的增长、知识的积累，女性驾驭文字的能力，在语法、造句、阅读能力等方面都比男性更为出色。

第二，思维能力。女性在对三维空间的认识能力上往往略逊于男性，但她们在形象思维能力以及思考问题的细致周密上却普遍具有优势。

第三，交际能力。女性普遍具有和蔼可亲、容易与人相处、感情丰富且善于体谅别人的特点，在社交场合或工作协作中能表现出较强的人际交往能力。

第四，忍耐力。在相对单调乏味的条件下仍能孜孜不倦地长期工作，这是女性的一大特点。大多数女性工作耐心持久，态度认真，有较强的工作责任心。

（5）积极进取

现代社会对女性的自身整体素质提出了比男性更高的要求，特别要求具备良好的文化修养和道德情操，有较好的分析判断能力和思维应变能力，掌握并熟练地运用一些基本技能，有较好的人际交往能力，具有敬业精神。为此，女性应该积极进取，学习本领，以便找到适合自己的工作。

贴心小提示

作为女性，你要记住，职场虽然对女性有种种限制，但只要有能力、有自信，在任何地方都是可以有一番作为的。

你应该注意的是：在职场里不能为了有份工作，而丢掉了自己的骨气。

正确面对自己的工作

工作是成就人生绚丽多彩的重要舞台，是人们将理想转化为现实的唯一通道，它能给人以成功的喜悦，从而成为人们丰富和完善美好生活的神奇工具。

作为现代女性，日复一日、年复一年地在办公室工作，是否感觉到有点难以把握工作这只大船的航向呢？那么，下面就给女性出几个新招。

一、不要区分性别

女性应该明白，做任何工作都与性别没有关系，工作做得好坏才是最重要的。为此，女性与其强调区分性别，不如自己学会和提高某件工作的专门技艺，这样就能使自己很快赢得大家的尊敬。

二、工作一以贯之

在我们的工作中，因为会议、出差或假期而上司不在的时候，办公室气氛自然会显得比较轻松。这时候，有的人大声谈笑，有的人批评上司的不是，有的人甚至坐在上司的位子上大放厥词。所谓"阎王不在，小鬼当家"指的就是这个情况。

事实上，我们不论什么时候都应该保持相同的工作态度，这也是正直做人的准则。如果把一些精力与脑力全用在阳奉阴违上，对工作自然就无暇顾及了。更何况这种阳奉阴违的行径也是不好的行为。为此，女性在任何时候都应该表里如一的工作。

三、主动做苦差事

有些人喜欢在热闹喧哗的环境中穿梭交际，而有些人则喜欢安安静静地埋首于研究工作，这是因为每个人的性情各不相同。此外，有不少人原本并不喜欢自己所从事的工作，但在每天不停地投入心力之后，便不知不觉地喜欢上了自己的工作。

或许在我们的周围，有些工作是每个人都不想做的"讨厌的工作"，大家对这样的工作，都是避之犹恐不及。但是，工作总要有人来做。

这时候，我们如果表明自愿做这些没有人要做的工作则会得到更多人的尊敬。

四、从容面对挑战

职业女性要想在工作岗位上做出一番成绩，得到上司的赞赏和同事的认同，需要的不仅仅是勤奋和吃苦耐劳，还需要保持一种有能力女性的工作仪态，随时给上司、同事以干练优雅的印象，下面便是成功职业女性应有的仪态。

第一，上班前5分钟应当就位，显出职业热情和干练风度。

第二，服饰应当具有独特品位，应该整洁不花哨，并能从中发掘流行元素，显得既年轻又高雅。

第三，正确理解上司的意图和命令。

第四，报告前做好充分准备，整理出结论与要点，显出你的逻辑思维和效率。

第五，出现任何紧急情况都不要慌张，要从容不迫地解决或向上级汇报。

第六，接待客人时，走廊、楼梯的中央留给客人走。在引导客人时，身体应侧向客人的一边，在两三步前，并配合客人的步调。

第七，处理公文、函件要记住基本程式，这是一项不可忽视的工作。

第八，不要与上司的朋友或亲人顶嘴，使上司下不了台。

五、热忱地完成工作任务

对工作热忱是一切渴望成功的人必须具备的内在素质。它是无往不胜的精神武器，更是推动人向前努力迈进的动力。

为此，女性要做到无论从事什么样的工作，都要始终对它怀着浓厚的兴趣。无论工作的困难多么大，或是质量要求多么高，都要始终一丝不苟、不急不躁地去完成它。

贴心小提示

现代女性面对日益繁重的工作压力，都或多或少地有一定程度的精神紧张。那么，我们该如何克服工作上的精神紧张，以便轻松地进行工作呢？

1. 条理清晰

做事有条理，工作就更有效率。

2. 避免误解

如果你向雇员发出指示，或者从上级那里接受指示，要额外花点时间搞通它，这样就可以避免误解。"请向我重复一遍这些指示，以使我确信我们相互沟通了，好吗？"这是你们两者之间完全正当的提问。

3. 时间上留有余地

在一个活动与下一个活动之间，需要有一个过渡时间。如果你要去看望一位客户，要使你路程上的时间富余出20分钟，以防意外情况发生。

4. 从批评中学习

如果你的工作成绩鉴定未达到一般标准，沉迷在消极的感情中是无用的，也是有害的。仔细想想对你的批评，看看你有什么地方可以改进，以便下次能获得好的评价。

5. 保持宽容

如果你能回过头来以新的眼光审视一下你的错误，那你就可以开拓一个更广阔的领域。做一件事情通常并非只有一种正确途径，所以，这一过失也可能引导你找出一种不同的，而且是更具创新的解决方法。

不要让工作狂侵害自己的身心

工作狂也称工作成瘾综合征，是一种对工作过度依赖的表现。他们不觉得长期工作是一种痛苦，相反，一旦离开工作就感到十分烦躁。工作狂人还常常强迫自己做到"完美"，一旦出现问题或差错便羞愧难当、焦虑万分，却又将他人的援助拒之门外。

随着现代社会节奏的加快，越来越多的女性被紧张的工作弄得团团转，使自己不由自主地成为工作狂。对这类女性来说上班和下班是没有任何区别的。当然努力工作是一个好员工的重要特征，但是过分地沉迷工作，忽略生活，对家庭和身体健康都是一大损害。为此，现代女性一定要处理好工作与休息的关系，避免成为工作狂。

一、了解工作狂的心理特征

研究发现，工作狂和女性酗酒一样，其实是一种心理疾病，其具体心理特征如下：

（1）完美主义

工作上瘾的女性沉迷于为不可能达到的完美状态而奋斗。不像为一种高质量的产品或服务而努力，她们相信存在一个完美的产品或者某种组织形式。

错误是不能发生的，因为它与完美相抵触。因此，错误并不被用来当作学习的机会或者信息的来源。

（2）亲力亲为

具有工作狂心理的女性对自己的工作都以绝对认真的姿态去完成，她们无法信任别人的能力，任何事情都要求自己亲自去做，便不自觉地成了工作狂。

（3）害怕失败

害怕失败与害怕失去控制相联系。恐惧比成功的欲望更能够驱动工作狂，而对失败的恐惧影响着工作狂的选择。

二、认识工作狂的形成原因

心理学认为，女性工作狂主要由以下几个原因形成。

（1）真心热爱工作

有很多工作狂女性是热爱工作的人，她们真心地热爱自己的工作，并以此作为自己人生的乐趣，不知疲倦。

（2）生活没有目标

工作狂女性没有自己的生活目标，或者是因为客观因素造成的无法与家人团聚，生活单调无味只能靠工作来获得乐趣。

（3）为了逃避现实

这类女性可能在生活中遭受到了挫折，为了逃避这些不堪的现实，转而把精力都投放在工作上，希望通过疯狂的工作来获得自信和快感。感情上受到伤害的人也容易将重心转投到工作上，期望通过工作的成绩来获得别人的尊敬。

（4）自信心的建立

具有工作狂的女性都渴望通过努力的工作来证明自己的才能，强烈地渴望得到别人的认可。

三、避免成为工作狂的方法

现在已经有不少企业提倡"工作就是娱乐"，这是一种非常明智的做法，员工把工作当作乐趣，能有效地提高工作的积极性。为此，女性要避免自己变成工作狂，具体可以采用下列方法。

（1）学会享受生活

工作狂女性应当学会如何享受偷懒所带来的乐趣，刚开始的时候要留意一下身边所发生的事情。

例如如何使一个孩子在起步阶段提高素质，太阳是怎样越过地平线落下山头的，或者试着花比平常吃正餐多两倍的时间宠爱一条狗等，或者有意识地让自己什么也不干，学会忽视一些事情的方法。

（2）调节认知能力

有工作狂思想的女性往往具有很强的事业心和责任感，所以，要降低对自己的要求和期望值，不再把工作视为自己人生价值的唯一表现，注意事业与家庭之间的平衡，权衡一下自己为之奋斗的目标与家庭的关系。

在工作之前，女性不妨先想想工作满足生活乐趣，或者长时间工作会使家庭关系破裂等生活不幸，然后问问自己哪一种选择更值得付出。

（3）减轻工作压力

利用空闲的时间，工作狂女性不妨制一份工作日程表，先将自己现在的所有工作项目和工作时间一一列出，然后考虑哪些可以完全放弃，或至少暂时放弃，哪些可交由他人或与他人合作完成，定出新的工作日程表。

（4）注意劳逸结合

工作狂女性应培养一些业余爱好，在工作之外给自己安排一些有益的活动，如经常跟朋友聊天、郊游等。

不管怎样，女性在工作时必须提醒自己要认识到工作之外还有很多有意义的事情去做，这样生活才会更加美好。

贴心小提示

如果你是一个工作狂女性，你必须调整好自己的心态。要知道，工作是生活的一部分，并不能成为生活的全部。工作是永远不会停止的，但身体需要休息、心灵需要休息。为此，你要培养健康的工作态度，要多拿出一些时间陪家人。

同时，在生活中，你要努力培养自己的爱好，多方面地培养自己的兴趣，放松心情平衡生活，这样你会感到，除了工作，生活还有别的乐趣。

懂得调节自己的工作压力

在一个充满竞争的工作环境里，每个人都会不可避免地遇到各种压力。这是很正常的，关键在于自己如何对待。

其实凡事只要自己尽心尽力就行了，一些东西是急不来也想不来的。与其让压力给自己平添无谓的烦恼和痛苦，还不如静下心来，享受最真实的现在。为此，女性应该明白，正确调节自己工作中的压力非常重要。

一、了解工作压力的表现

无论是科研开发还是生产销售，都要竞争。工作任务多，难度大，时间紧，人员少，资金不足，技术落后等，都会造成巨大的压力，具体表现在以下方面。

（1）工作倦怠症

大多数有一定工作经历的女性都曾有过疲惫、皮肤状态不佳等相关症状，对工作提不起精神，甚至产生转换角色、到完全陌生的环境或从事完全不同职业的想法。

（2）缺乏安全感

职业女性往往缺乏安全感，心理承受力不强，有一种朝不保夕的危机感；同时，长年的艰辛劳作又常常使她们感到劳累而心生厌烦。长此以往，会使她们心理失衡，危及健康。

（3）缺乏乐观的精神

许多职业女性遇事只看到事物不好的一面，总是想到自己可能不顺和失败，常因抱怨而失去施展才华的机会。

二、认识工作压力产生的原因

职业女性，特别是20～40岁的职业女性存在心理压力的原因主要有以下方面：

（1）社会因素

随着经济与社会的发展，人们的生活节奏不断加快，竞争日趋激烈，一些职业女性每天的工作时间长达11小时甚至更多。长期处于这种状态，对人的心理和生理健康都是十分不利的。

（2）就业压力

由于性别偏见和性别歧视，在当今社会，女性在就业、岗位竞争、升职加薪等方面均处于劣势，有的单位在优化组合、干部任免中歧视女性，有些职业女性为了保住工作或得到提拔，在遇到男上司骚扰后甚至不敢吭声，这就使一些职业女性陷入既愤懑又无奈、既想竞争又怕付出过高代价的困惑之中，心理压力不断加大，以致整天提心吊胆，对人事关系过于敏感，甚至引起自主神经功能紊乱。而长期处于心理重荷之下，会对心理健康造成严重的不良影响。

（3）家庭因素

婚姻、家庭带给女性的压力也很大。而职业女性不仅要承担工作压力，而且必要花相当多的精力在家庭和孩子身上。而现代社会家庭的稳定性大大下降了，稍不注意就会出现危机，孩子在当今的教育制度下，也是压力重重，问题繁多，这些方面一旦出现问题，就容易使职业女性们产生挫败感，变得抑郁沮丧。

（4）生理因素

由于生理因素以及青春期、妊娠期、产褥期、哺乳期、更年期等，每一阶段都可能引起女性的心理冲突和危机，所以，相对于男性来说，女性更易患心理疾病。以抑郁症为例，统计表明，女性抑郁症的发病率是男性的两倍。

（5）其他因素

第一，职业女性随着阅历的增长对工作的新鲜感逐渐减少，不少人出现莫名的疲劳感。这种来自心理的疲劳感降低了工作效率，使职业女性增加了对工作不稳定性的焦虑。

第二，女性事事追求完美的心态是造成压力感的主要原因之一。女性追求完美，对家庭、事业抱有太多的理想，目标过高，对自己要求过于苛刻，而社会同现实又往往会打破这种幻想，令其感到恐惧、无所适从。

第三，女人的天性使得许多职业女性热衷于跟别人做比较，总觉得自己处处不如别人，这种来自内心的干扰，往往会造成心态失衡，容易引发心理问题。

三、化解工作压力的方法

快节奏的都市生活常常让人喘不过气来，繁重的工作总是让我们高度紧张。长期在"高压"下工作不但有损健康，对工作本身也会有坏影响。那么，我们该如何化解工作压力呢？

（1）将工作留在办公室

具有工作压力的女性在下班时尽量不要将工作带回家中，即使是迫不得已，每周在家里工作也不能超过两个晚上。

（2）提前为下班做准备

在下班两个小时前列个清单，弄清楚哪些是我们今天必须完成的工作、哪些工作可以留到明天。这样我们就有充足的时间来完成任务，从而减少工作之余的担心。

（3）将工作困难写下来

如果在工作当中遇到很大的困难，回家后仍然不可能放松，那么我们可以拿起笔和纸，一口气将所遇到的困难或是不愉快写下来，写完后把那张纸撕碎扔掉。

（4）下班路上学会享受

如果是驾车下班，可以放自己喜欢的音乐；如果是坐公交车或是地铁，可以听一听音乐等。总之，下班路上做自己喜欢的事情有助于缓解工作造成的紧张情绪。

（5）回家前把工作放下

当我们下班走进家门后，立即将公文包或是工具袋放下，第二天出门之前绝不去碰它。

（6）将工作与生活分开

将每天的工作和家庭生活分开。可以与孩子谈论学校的事情，也可以喝上一大杯柠檬汁。

（7）把家里收拾整洁

一个杂乱无章的家会给我们一种失控的感觉，从而放大白天的工作压力。为此，我们下班后回到家可以收拾一下自己的住所，以便每天辛苦地工作后有一个整洁优雅的家可以休息。

（8）合理地安排家务事

如果想要在一夜之间把所有的家务干完，那么我们自然会感到紧张和焦虑。相反，如果能够合理安排或是将一些家务留到周末再处理，就能使做家务成为工作之余的放松手段。

贴心小提示

为了缓解工作上的压力，在空闲的时候，你还可以通过以下方法来缓解和疏导自己的心理压力。

1. 放松疗法

当你感到工作繁重、心理压力过大的时候，可抽出5～15分钟的时间来做深呼吸：选择一个安静、光线不太强的地方坐下，放松身体，然后做一个深呼吸，每次缓慢吸入空气，达到最大肺活量时，尽可能保持一段时间，然后再缓慢地把气体彻底呼出来，在这一过程中可感受肢体肌肉由紧张渐渐放松的感觉。这是一个非常简便而有效的心理放松方法。

2. 音乐疗法

音乐疗法可以帮助我们驱散消极情绪，缓解压力。如当你焦虑、紧张、烦躁的时候，可以选择《春江花月夜》《梅花三弄》等幽雅的古典乐曲；而当你情绪低落、消沉、抑郁时，则可以选择《喜洋洋》《步步高》等欢快轻松的民曲或钢琴曲。

3. 自我倾诉法

在心情焦躁、紧张而无法保持冷静时，可以将这种心情和感受写下来，用文字表达出来。

同时，当你在感到压力的时候，还可以向朋友家人倾诉，及时化解不愉快的情绪，获得情感支持。这样对调节你的压力也有很好的帮助。

正确预防职业厌倦综合征

职业厌倦综合征是指长时间对工作感到厌烦，工作不起劲，什么都懒得去做，工作效率低，失误多的症状。职业厌倦综合征很像抑郁症，区别是前者几乎只表现在面对工作上，而后者则广泛地表现在生活的各个不同方面。

患有职业厌倦综合征的女性犹如失去水的鱼，备受窒息的痛苦，经常会感到头痛、疲倦、全身无力、心情压抑等。为此，女性应该认真找出自己的患病原因，预防这种病症的发生。

一、了解职业厌倦症的产生原因

一般认为，女性产生职业厌倦综合征主要有以下三大原因：

（1）工作压力

女性产生职业厌倦综合征的主要原因是长期的工作压力，引起心理状态的不良反应。

如果持续工作压力大，得不到松弛，就会干扰或损害自己的心理状态，使我们产生职业厌倦综合征。

（2）缺乏兴趣

对所干的工作缺乏兴趣，主要原因大约有四类：一是对工作不感兴趣；二是长期的单调重复性劳动；三是对岗位安排不满，比如职位无法升迁，工作得不到老板或同事们的认可；四是工作上得不到较大突破，难以做出成绩。

（3）疾病困扰

如果长期对工作没有热情，即使更换岗位和工作环境、跳槽等都无法改变自己的消极状态，就很可能是疾病的因素。各种研究显示许多慢性疾病与工作压抑有明显关系。

患有职业厌倦综合征的人大多都有不同程度的躯体疾病，包括偏头痛、过敏、胃溃疡、高血压、腰背痛等。

二、把握职业厌倦症的预防方法

随着职业压力的增强，患有职业厌倦综合征的女性越来越多，那么该如何预防职业厌倦综合征呢？可以按照以下要求去做。

第一，制定切合实际的职业目标，做自己力所能及的工作。尽力完成自己的工作，在此基础上再学习和提高，或者追求更高、更有价值的目标。

第二，建立职业兴趣，强化职业情感。兴趣是成功的先导，热爱自己的工作是取得成绩的保障。

第三，打乱目前单调、乏味的工作节奏，建立新的生活工作秩序，找到新的价值重心。

贴心小提示

为了使自己避免患上职业厌倦综合征，在工作中，你可从不同的角度寻找工作的乐趣。由兴趣可以培养出成功的动机，只有当你热爱一份工作的时候，你才有更多的激情迸发出来。

同时，你还要学会照顾自己，工作之余应充分休息和娱乐。合理地安排学习、工作和生活，要有计划地合理安排，做到有张有弛，并保证足够的睡眠时间，这样才能充满生机。

另外，实践证明，体育锻炼也是消除职业厌倦综合征的良方，为了使自己的身体更加健康，你还应适当参加一些体育活动。

有效提高"裁员免疫力"

当今，随着科学技术的不断提高，以及各种竞争的不断加剧，裁员已成为很多公司提高自身效益而常常采用的一种手段。由于女性本来就受到了一些性别歧视，而且很多女性自身又存在着某些脆弱因素，为此，当公司进行裁员时，女性所占的比例较大。为此，我们可以通过采取一些措施使自己离裁员的危险更远一些。

一、提高工作的"能见度"

一些女性员工认为保住职位的最好办法就是努力工作。她们只是埋头苦干，而不注意身边的变化。哗众取宠当然不足取，但有的时候提高自己的"能见度",引起别人的注意将会对我们在职场上的发展有所帮助。

我们可将分内的工作干得出色,但同时还要确信别人也认识到自己的才能。为此,女性应适当地表现自己,让别人知道并认可自己。

二、保持乐观积极的心态

心理学认为,获得满意的职位是每个人的梦想,但是如果现实和理想有差距,就要以乐观的心态坦然对之,并在工作中充分展示我们的能力。

三、成为工作的多面手

企业对于有多方面才干的员工自然是另眼相看,如果我们是一个多面手,对于企业来说就更有价值。因此,女性在工作中要加强学习,而不仅仅局限在自己部门的小天地里。

四、以开放的态度应对变化

当裁员来临时,企业里的许多事情都会发生变化,职责会变化,部门在调整等,这些都会造成士气下降、抱怨增加。要以开放的态度应对变化,并将每一次变化都看作是一次机会,保持积极的态度。

贴心小提示

如果你不想被裁,那么你对公司的晋升制度、目标和人际关系,都必须非常了解,如此才能争取更多的表现机会。同时,上司是企业的灵魂,他喜欢员工怎样的工作态度和素质等,都对你有很大的影响。那么如何赢得上司的赏识呢?

一是勇于接受任务。当上司提出一项计划,需要员工配合执行时,你可以毛遂自荐。当然,你需量力而为,以免被上司认为你不自量力。

二是做一些琐碎的工作时,你不必把成绩向任何人显示,要给人一个平实的印象。当你有机会担当一些比较重要的任务时,更要做好,这样可以增加你在公司的知名度。

三是随时保持最佳状态。别以为经过两个通宵赶工,一脸疲惫的样子,会博得上司的赞赏和嘉勉。因为在他的心中,可能会对该员工的精神和体力表示怀疑。

记住,无论在什么时候,在上司面前均要保持良好的精神状态。这样他会放心地、不断地交托给你更重要的任务,这样一来,裁员与你就自然无缘了。

消除职场年龄恐惧心理

当今社会,一些年龄稍大的人,对自己所处的职场环境总会表现出种种焦虑。有人称这种现象为职场年龄恐惧症。

一项针对职业女性的调查显示,年龄在30岁以上的女性在求职时就非常不容易,于是,很多女性只要过了30岁就担心。

职场年龄恐惧症,不仅影响工作和学习,而且还会给家庭生活和自己的身心健康带来诸多危害。为此,女人应该警惕职场年龄恐惧症。

一、职场年龄恐惧症的形成原因

社会压力、竞争压力、家庭压力、各方面的压力集合,以及各种危机、忧患意识,使一些刚刚年过三十的女性白领容易患上年龄恐惧症,那么,是什么原因造成了她们这种心理呢?

(1)行业因素

一些服务、娱乐行业被人们戏称为吃青春饭的行业。当青春渐逝,不少白领对自己的将来产生了危机感。其实,即使是这些行业,也还是有不少需要个人素质与持久耐力的地方,提升"内功"也许是为年龄忧虑的白领较好的选择。

(2)多方压力

事业、家庭、过大的压力使不少女性不愿面对年过三十的现实。其实,这是一种逃避现实的心理,年过三十的女性在社会上承担着巨大的压力,往往会幻想自己离开竞争激烈的职场。她们从心理上不愿接受这种现实,不愿接受自己的年龄。

(3)不成功因素

一些职场女性,到30岁还没有做出一定的成绩,就会担心自己不能成功。其实,人的智力是分为流体智力和晶体智力,流体智力是随着年龄的逐渐增大而有所下降;但是晶体智力就不同,其会随着经验的积累而有所提升。因此,只要我们给自己机会,不断地战胜自己的弱点,加上一定的人生经验和历练,即使过了30岁,也还是有很多成功的机会的。

二、克服职场年龄恐惧症的方法

女性要应对职场年龄恐惧症,首先,提升自己的实际知识水平;其次,要重新调整自己的方向,逐渐由关注身外之物变为更多地关注自己的心灵,逐渐领悟到人生的智慧,这样才能减轻心理压力,顺利地渡过"年龄危机"。具体方法如下:

(1)正视年龄

长江后浪推前浪,雇主选择年轻人。这也许是一种社会现象,因为年轻职员不存在医疗卫生、退休保险等过多的问题。但正如前面所言,成功在什么年龄都是可能的,以社会问题作为借口,可能潜意识里是想给自己找托词。女性需要正视年龄问题,而不能总是给自己的逃避找理由。

（2）保持信心

女性要对自己充满信心，有不少人是"大器晚成"型的，只要给自己机会，不自己打败自己，加上自己的工作经验与人生历练，即使已过30岁也还有机会成功。

贴心小提示

时光流逝，你却像在保鲜箱中生活一样，依然年轻貌美、精力充沛，这是女性们都梦寐以求的事。研究证明，担心衰老的你只要改变一些"小"习惯，就能轻松"永驻青春"。

1. 要愉快地笑出来

发自肺腑地开怀大笑，其真诚会感染周围的人，甚至还能抹去额头的年龄标签。

2. 保持良好的坐姿

因为坐姿良好的人比起那些懒散、含胸驼背或身子倒向一边者，看上去更自信，也更有朝气。正确坐姿还可以预防肌肉、关节疼痛，减少肩颈部肌肉紧张，从而缓解头痛。

3. 注意形象，展现年轻的魅力

注重形象，打扮自己，除了能展示自己的容颜，更能体现自己的精神状况。一个人的形象好，能让人看起来更加年轻。

4. 活到老，学到老

读书能够让人保持年轻。读书能够开阔眼界，读书能够让人思维活跃，读的书多，思想自然就有高度，少了想不通的事，少了烦恼，自然不易老。